# 상어

지성자연사박물관 ②

최 윤 (군산대 해양생명과학부 교수)

지성사

# 상어

최 윤 (군산대 해양생명과학부 교수)

지성자연사박물관❷ 상어

1999년 5월 25일 초판 1쇄 펴냄 / 2004년 9월 15일 초판 4쇄 펴냄

지 은 이 최 윤
펴 낸 이 이원중
편 집 여미숙 · 박형록 · 임소영 · 조현경
마 케 팅 권장규
펴 낸 곳 지성사
출판등록일 1993년 12월 9일
등록번호 제10－916호
주 소 (121－854) 서울시 마포구 신수동 88－131호
전 화 (02) 716－4858
팩 스 (02) 716－4859
홈페이지 www.jisungsa.co.kr
이 메 일 jisungsa@hanmail.net

ISBN 89－7889－049－0(04490)
ISBN 89－7889－059－8(세트)

책값은 표지 뒷면에 있습니다.

# 머리말

## "상어" 이야기를 시작하면서

바다를 탐구하고 여가생활로 스쿠버 다이빙을 즐기는 사람들의 증가와 함께 많은 사람들이 바다 속에서 상어와 만나게 되었으며, 상어를 만나는 기회가 많아짐에 따라 다이버들은 상어의 종류와 행동에 더욱 관심을 가지게 되었다. 특히 우리나라는 삼면이 바다와 접해 있고, 최근에는 식인상어로 불리는 위험한 상어들로 인해 서해안에서는 어민들이 생계를 위협받고 있으며, 동해와 남해안에서도 백상아리가 나타나 사회적인 문제로 대두되고 있다.

그렇지만 우리는 상어에 대한 지식, 즉 '우리 주변에는 어떠한 상어들이 있으며, 어떤 종류의 상어가 위험한가? 바다 속에서 상어가 공격할 때 어떻게 대처해야 하나? 상어가 좋아하는 먹이는 무엇인가? 그들은 얼마나 빨리 성장하고 수명은 어느 정도인가? 상어는 어떻게 새끼를 낳는가?' 등 상어의 정체에 대해 알고 있는 사람은 그리 많지 않다. 특히 호기심이 왕성한 어린이들은 상어도 '배꼽이 있는가' 라는 의문에서부터 시작하여 '상어 중 가장 포악한 백상아리와 범고래가 싸우면 누가 이길까' 와 같은 구체적인 사실을 바탕으로 상상력까지 발휘해야 하는 질문들을 쏟아 낸다. 이쯤되면 상어를 연구하는 전문가들은 예상되는 모든 질문 혹은 예상치 못한 질문에 대처할 수 있는 여러 가지 실험과 조사까지 같이 해야 한다. 거기에 우리나라의 상어에 대하여 연구하고 분류하는 것은 물론, 단순한 흥미를 넘어 좀더 깊이 있게 알고자 하는 사람들은 각 종(種)에 대한 올바른 학명과 함께 정확하고 간결하게 상어의 종을 구별하는 법도 알고 싶어한다.

여러 가지 이유로 바다를 찾는 기회가 날로 증가하는 요즘 우리는 상어에 대해 좀더 알아둘 필요가 있다. 이런 욕구에 맞춰 우리나라에서 볼 수 있는 상어를 비롯하여 일반적인 상어의 생태와 특성을 소개하려고 한다. 우리나라 연근해에서는 바다 속의 생생한 상어 사진을 얻는 것이 어려워 다양한 그림이 제공되지 못한 아쉬움이 있지만 훗날 보다 나은 책의 출간을 약속하며 독자들이 상어를 이해하는 데 다소나마 도움이 되기를 기대한다.

끝으로 부족한 필자에게 어류학자의 길을 열어 지금까지 지도해 주시고, 상어 연구에 전념할 수 있도록 물심양면으로 도움을 주신 전북대학교 은사 김익수 박사님께 진심으로 감사 드린다. 그리고 표본과 사진을 비롯하여 기타 많은 자료를 제공해 주는 등 아낌없는 지원을 해준 북해도 대학의 나카야(Nakaya) 박사께 감사하며, 북해도 대학에 유학중인 김병직 후배, 인천 청원전시기획 조경렬 사장님, 원고의 교정에 수고하신 국립수산진흥원 청평 연구소 이완옥 박사, 흥행의 결과에 연연하지 않고 독자들에게 자연에 대한 올바른 이해와 사랑을 불어넣기 위해 개척자의 자세로 출판의 결단을 내려 주신 지성사 이원중 사장님과 편집부 식구들께 감사 드린다. 그리고 자료정리에 도움을 준 군산대학교 권선만, 조창묵 대학원생, 그 밖에 좋은 사진을 보내 주신 일본 수중영상주식회사 나카무라(Nakamura)와 미국 내셔널지오그래픽사 니클린(Nicklin)을 비롯한 국내외 여러분들께 고마움을 전한다.

1999년 3월

최 윤

# 차례

# 차례

# 1 상어는 어떤 물고기인가

# “상어는 어떤 물고기인가”

# 1. 상어는 어떤 물고기인가

상어라고 하면 사람들은 영화 「죠스」를 생각하고 소설을 즐겨 읽는 사람들은 헤밍웨이의 『노인과 바다』에 등장하는 사납고 난폭한 상어의 모습을 쉽게 머리에 떠올릴 것이다. 그러나 영화 「죠스」의 주인공이 백상아리이고 『노인과 바다』에 등장하는 상어가 청상아리라는 것, 즉 상어의 이름을 알고 있는 사람은 많지 않고, 더 나아가 상어의 전반적인 특징에 대해서 설명하기란 쉬운 일이 아니다.

· 은상어는 물렁뼈를 가진 물고기이지만 아가미구멍이 1개이고 어미가 되면 비늘이 없어지므로 일반적인 상어와 다르다.

상어는 물고기다. 우리가 가지는 선입견으로 상어는 난폭해서 물고기라는 연약한 이미지와는 어울리지 않는다고 생각할지 모르지만, 상어는 분명히 물고기의 한 무리이다. 그렇다면 상어는 과연 어떤 물고기일까?

물고기는 몸을 구성하는 뼈의 성분에 따라 두 가지로 나뉘어진다. 그 하나는 딱딱한 뼈(경골)를 가진 무리로 우리가 주위에서 흔히 보는 대부분의 물고기들이 여기에 해당된다고 할 수 있다.

반면에 사람의 귀뼈와 같은 물렁뼈(연골)를 가진 무리도 있다. 이러한 물렁뼈를 가진 물고기들은 다시 아가미구멍 하나에 비늘이 없는 전두어류와, 5~7개의 아가미구멍에 비늘이 있는 판새

## 물고기의 분류

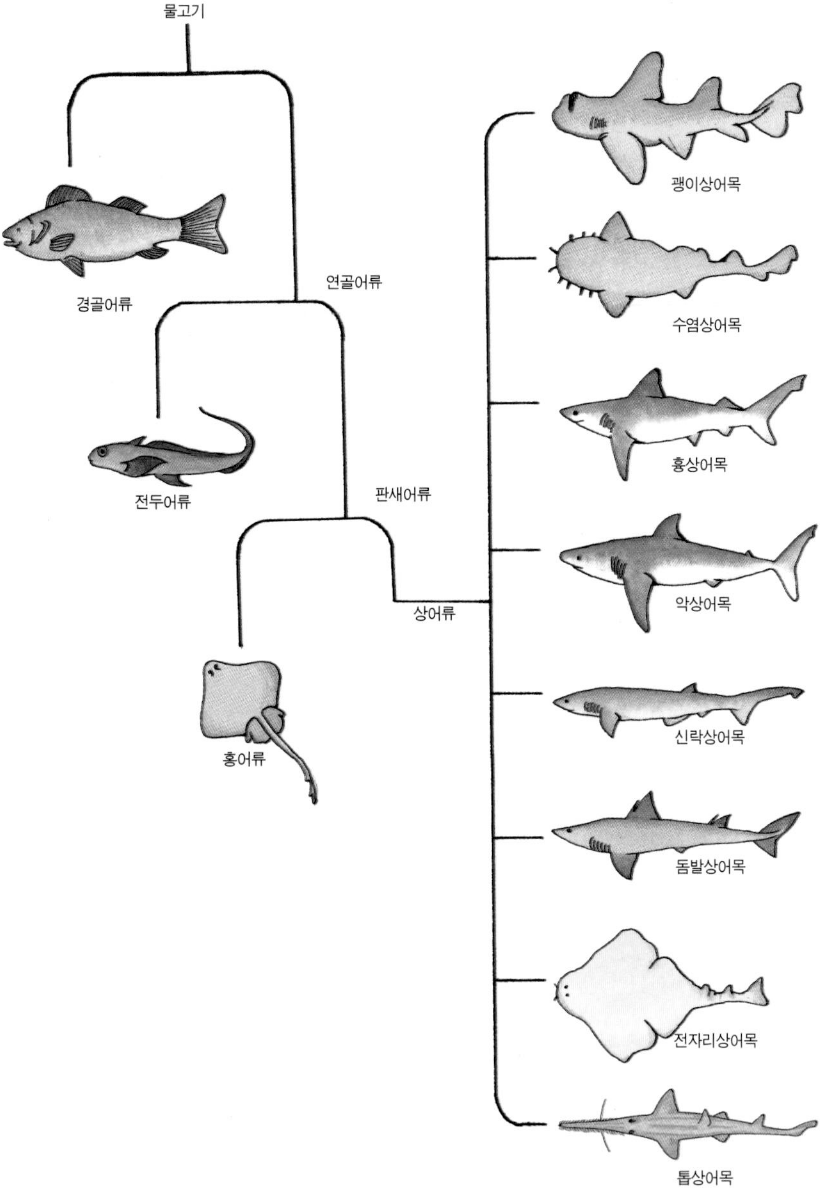
물고기
경골어류
연골어류
전두어류
판새어류
상어류
홍어류
괭이상어목
수염상어목
흉상어목
악상어목
신락상어목
돔발상어목
전자리상어목
톱상어목

어류로 나뉘어진다. 이 후자에 상어와 홍어가 속해 있는데, 아가미구멍이 머리의 옆면에 붙어 있고 머리와 가슴지느러미가 나뉘어져 있으면 상어 무리이고, 아가미구멍이 머리의 아래쪽 즉 배에 있고 머리와 가슴지느러미가 하나로 붙어 있는 것은 홍어 무리이다. 따라서 물렁뼈에 비늘이 있고 아가미구멍이 여러 개인 물고기(판새어류) 가운데 상어와 홍어를 구분하는 방법은 아가미구멍의 위치를 알아보고 머리와 가슴지느러미가 붙었는지 떨어졌는지를 살펴보는 것이다.

상어의 종 수는 1984년까지 세계적으로 약 350종이 알려져 있었으나 해마다 새로운 종들이 밝혀지고 있기 때문에 현재는 약 400종에 이를 것으로 추정된다. 우리나라 연근해에 살고 있는 상어는 현재 40종이 있다.

· 홍어 무리인 노랑가오리.

## 2. 상어는 지구상에 언제 등장하였나

오늘날 살고 있는 상어는 수억 년 동안의 진화의 산물이다. 어미가 된 상어는 수컷과 암컷이 서로 교미하여 새끼나 알을 낳는다. 상어는 등뼈가 있는 동물(척추동물)이 육지로 올라오기 바로 전인 약 4억 1500만 년 전부터 지금까지 바다에서 살아온 것으로 생각된다. 공룡의 2배 이상, 인류의 100배 이상이나 긴 시간 동안 바다를 지켜온 것이다. 그러나 공룡시대에 살았던 상어와 오늘날의 상어는 몸의 모양에 큰 차이가 없다.

상어 무리가 속해 있는 물렁뼈를 가진 물고기는 화석상으로 보면 약 3억 7천만 년 전(데본기)에 나타났고 이들은 2억 9천만 년 전(실루리아기)에 나타난 판피류(Placoderms)에서 유래된 것으로 추정되고 있으나 그 조상은 명확하지 않다.

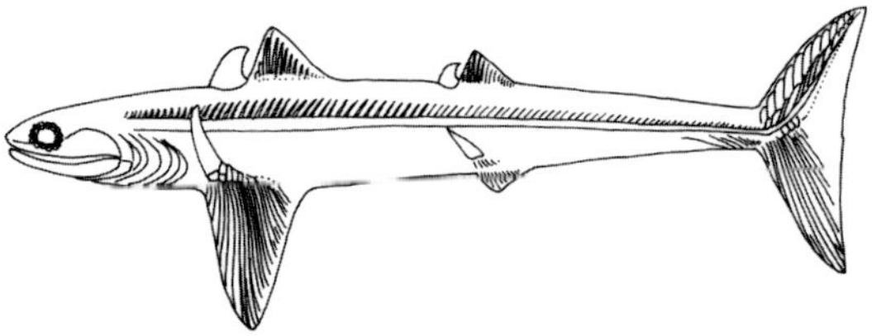

· 약 3억 7천만 년 전 데본기 중기의 화석에서 발견된 최초의 상어 무리인 클라도세라키의 모습(그림인용 Romer, 1963).

최초의 상어는 데본기 중기의 바위에 흩어진 화석으로부터 알려졌다. 클라도세라키(Cladoselache)라고 하는 이 상어는 몸길이가 2미터를 넘지 않고 몸이 전형적인 상어 모양이며 오늘날의 돔발상어 무리와 같이 등지느러미 앞에 가시가 있다. 그러나 이 상어는 2억 9천만 년 전인 석탄기 말기에 지구상에서 사라졌고, 현재 바다 속에 살고 있는 많은 종류의 상어가 나타난 때는 약 6500~1억 년 전(백악기 후기)이며, 그 후 큰 변화 없이 현재에 이르고 있다.

백상아리와 비슷한 상어가 나타난 때는 6000~6500만 년 전(효신세)까지 거슬러 올라간다. 지금까지 발

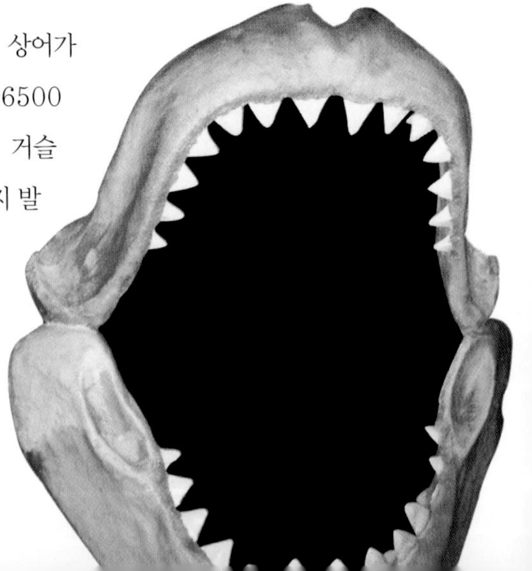

· 약 450만 년 전에 태평양에 살았던 백상아리와 비슷한 종인 메갈로돈의 복원된 턱으로 폭이 2.7미터에 달한다(아메리카 국립자연사박물관 소장).

**물고기의 진화(계통수)**

(그림인용 Hickman 등, 1978)

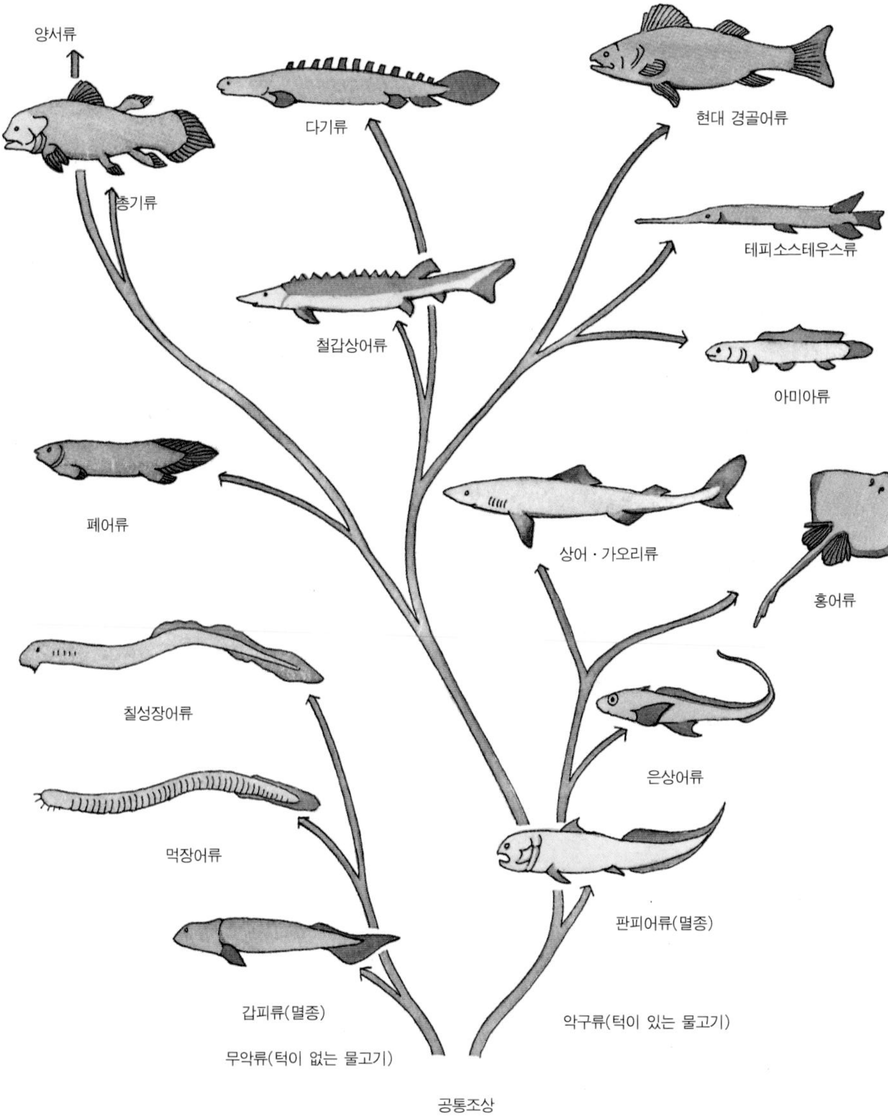

견된 백상아리와 비슷한 종의 가장 큰 이빨은 약 450만 년 전(선신세)의 화석에서 볼 수 있다. 이것의 이빨 길이는 15센티미터 정도로, 그 크기를 볼 때 당시의 바다에서 가장 큰 육식 물고기였을 것이다. '메갈로돈' 이라 불리는 이 상어의 복원된 턱은 폭이 2.7미터로 몸길이가 13미터에 달했을 것으로 추측된다.

**상어의 화석은 어디에서 발견되나**

화석으로 된 상어의 이빨은 오랜 옛날에는 바다의 밑바닥이었다가 오늘날 육지가 된 지층에서 발견되고 있다. 화석으로 된 상어의 이빨은 수천만 년 혹은 수억 년이 된 퇴적물 중에 있고 가끔 등지느러미 가시가 발견되기도 한다. 상어의 이빨은 강하고 튼튼해서 화석으로 남기 쉬우며 그 숫자가 많아서 고대로부터 상어가 지구상에 존재했다는 좋은 증거가 되고 있다. 록키산맥의 백악기 퇴적물, 캘리포니아, 멕시코 만의 제3기 지층에서 상어 이빨이 많이 발견되고 있고, 우리나라와 가까운 일본에서도 많이 나타나는데 '괴물의 손톱' 으로 불리기도 한다. 우리나라에서도 관심을 가지고 살펴보면 상어 이빨 화석은 많이 있을 것으로 생각된다.

## 3. 상어의 몸은 어떻게 생겼나

상어는 종류에 따라 몸의 모양이 아주 다양하지만 일반적인 몸의 모양은 끝이 가늘어지는 원통형의 방추형(고등어나 참치와 같은 모양)이다. 그리고 모든 상어들이 가지는 공통적인 특징은 순린이라고 하는 방패모양의 비늘을 가지고 있고 5~7쌍의 아가미구멍이 있다는 점, 꼬리지느러미의 위쪽(상엽)과 아래쪽(하엽)의 크기가 다르다는 점이다.

## 4. 상어는 먹이를 물면 왜 머리를 흔들어 댈까

대부분의 상어는 입이 머리의 아래에 있고 그 앞쪽으로 주둥이가 길게 튀어나와 있다. 주둥이가 몸통으로부터 30~40도 위쪽으로 올라가 있기 때문에 먹이를 먹을 때 입을 크게

## 상어 몸 부위의 이름

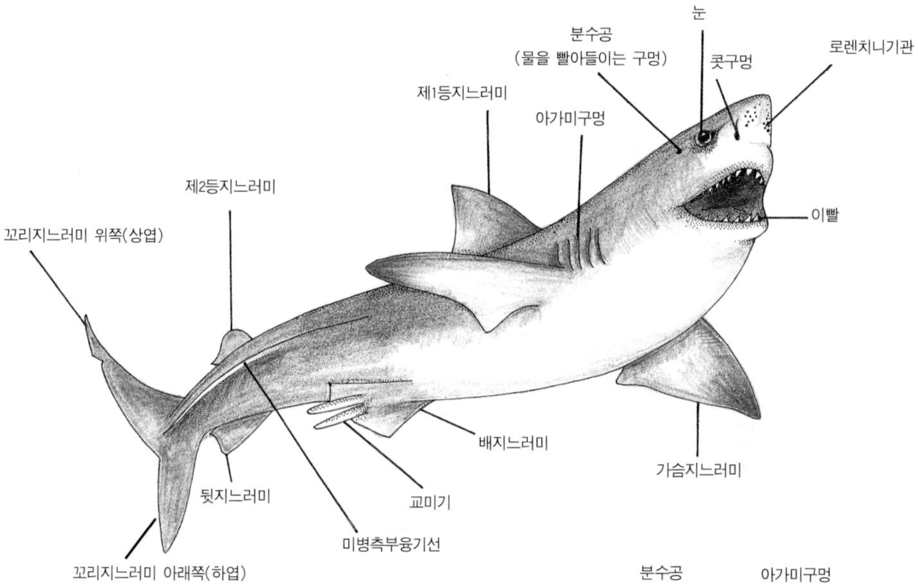


## 머리 부분의 이름

귀상어의 머리.

유유히 헤엄치고 있는 귀상어.

벌릴 수 있고, 앞쪽으로 튀어나온 주둥이 아래에 콧구멍이 있어서 냄새를 잘 맡을 수 있다. 상어의 입은 포물선 형태인 것, 거의 직선형인 것, 작은 것과 큰 것 등 아주 다양하다.

상어는 양턱이 머리뼈에 느슨하게 연결되어 있고, 턱을 당기고 미는 강한 근육을 가지고 있는데 이러한 구조는 먹이를 먹는 데 매우 유리하다. 그래서 턱이 자유롭게 움직이므로 입을 크게 벌려 턱을 앞으로 밀어낼 수 있고 큰 먹이도 단번에 삼킬 수 있다. 또 턱이 튀어나와 어떤 자세로도 먹이를 물어뜯을 수 있다. 그러나 턱이 좌우로 움직이지는 않기 때문에 먹이를 자를 때 이빨만 가지고는 힘이 든다. 그래서 먹이를 물면 머리를 좌우로 심하게 흔들어 먹이를 자르는데, 통째로 삼키기에 너무 큰 먹이는 이러한 방법으로 고깃덩어리를 물어뜯는다.

**귀상어는 어째서
기묘한 머리 모양을 하고 있는가**

귀상어의 머리 모양은 아주 기묘하게 생겼다. 눈과 콧구멍이 옆으로 튀어나온 부분에 자리잡고 있는데, 무엇 때문에 이러한 모양을 하게 되었는지는 확실치 않다. 한 가지 가설은 이러한 모양이 앞으로 헤엄칠 때 부력을 가져다 주며 또 하나는 머리가 옆으로 늘어나 있어서 좌우의 눈과 콧구멍도 그만큼 떨어져 있어 감각능력이 향상된다는 것이다. 즉 머리의 튀어나와 있는 부분에 있는 눈은 보통 상어보다 더 넓은 범위를 정확히 볼 수 있고, 옆으로 퍼져 넓어진 부위에는 옆줄이나 로렌치니기관이 그만큼 많아서 자기감각, 물의 움직임, 물의 압력에 대한 감각이 더욱 민감해질 수 있다.

## 5. 상어의 이빨

바다의 포식자 상어를 생각하면 가장 먼저 떠오르는 것이 날카로운 이빨이다. 상어의 이빨 모양은 종에 따라 다른데, 이는 그들이 먹는 먹이가 종마다 다르고 또 그 먹이를 얻기 위해 다양한 방식으로 진화한 증거이기도 하다. 그래서 상어의 이빨은 보기만 해도 소름 끼치도록 날카로운 것이 있는가 하면, 나뭇잎 모양이나 가장자리가 톱니모양인 것과 그렇지 않은 것 등 각양각색이다. 괭이상어와 삿징이상어의 경우는 앞부분은 날카롭고 뒤로 갈수록 어금니와 같이 무딘 이를 가지고 있다.

· 흉상어류의 턱(왼쪽, 사진제공 나카야(仲谷))과 백상아리의 이빨.

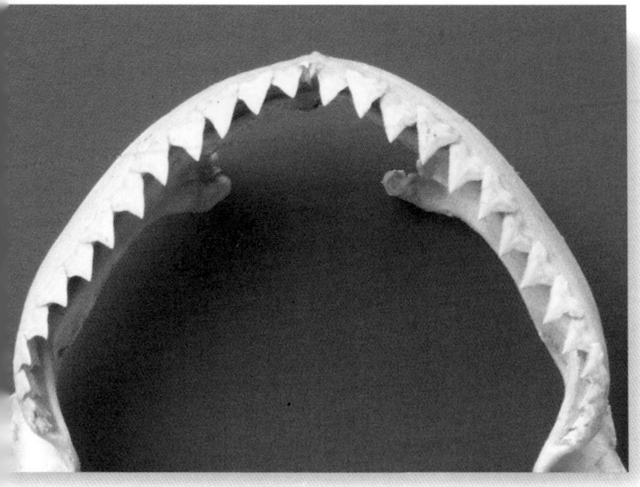

· 괭이상어류의 양쪽 이빨은 어금니와 같은 형태로 조개류를 으깨어 씹는 데 적합하다.

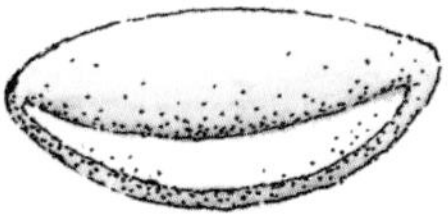

위턱의 어금니

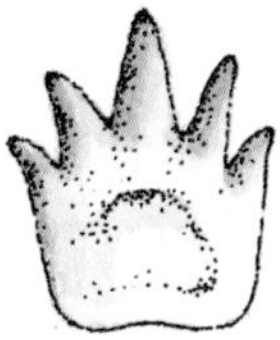

위턱의 앞쪽 이빨

인간과는 달리 상어는 살아 있는 동안 몇 번이고 이갈이를 하는데 상어의 이빨은 턱에 깊이 박혀 있지 않아서 단단한 것을 씹을 때 부러지거나 쉽게 빠진다. 그래서 상어의 공격을 받은 사람의 몸 속이나 보트의 나무 속에서 상어의 이빨 조각이 발견되고 이것으로 사람을 공격한 상어의 종류를 밝히기도 한다. 상어 이빨의 모양은 종에 따라 아주 독특해서 단 한 조각으로도 어떤 상어인지 알아낼 수 있다. 상어는 턱의 안쪽 가장자리를 따라 무수한 이빨들을 가지고 있다. 그래서 맨 앞줄의 이빨이 빠지면 바로 뒷줄의 이빨이 자리를 대신한다. 상어의 이빨은 일생 동안 계속해서 바뀌며, 상어 한 마리가 평생 사용하는 이빨은 종에 따라서는 약 3만 개인 것도 있다.

어미 백상아리의 이빨은 가장자리가 톱니모양이라 먹이를 자르고 찢을 수 있다. 이런 모양의 이빨을 가진 상어는 자기보다 큰 고깃덩어리를 물어뜯는 데 유리하다. 청상아리의 이빨은 뾰족한 송곳 모양이라 오징어나 물고기를 포크처럼 찌를 수가 있다. 고래상어와 돌묵상어는 몸길이가 10미터

**상어가 물체를 무는 힘은 어느 정도일까**

상어가 물체를 무는 힘은 특수한 교력계(咬力計)라는 기계로 측정하는데, 몸길이 2미터의 상어가 1제곱센티미터에 미치는 이빨의 힘은 약 3톤이었다. 사람이 물체를 물 때 이의 힘은 1970년 미국 치과학회의 발표에 따르면 1제곱센티미터당 2톤으로 되어 있다. 이것으로 보면 사람과 상어의 무는 힘에는 큰 차이가 없어 보인다. 그러나 상어는 사람과 달리 위아래 턱을 앞으로 내밀 수 있고, 이빨의 수가 많으며 사람과 비교도 안될 정도로 날카롭다. 따라서 사람의 무딘 이로 무는 것과는 달리 상어에게 물리면 큰 상처를 입게 된다.

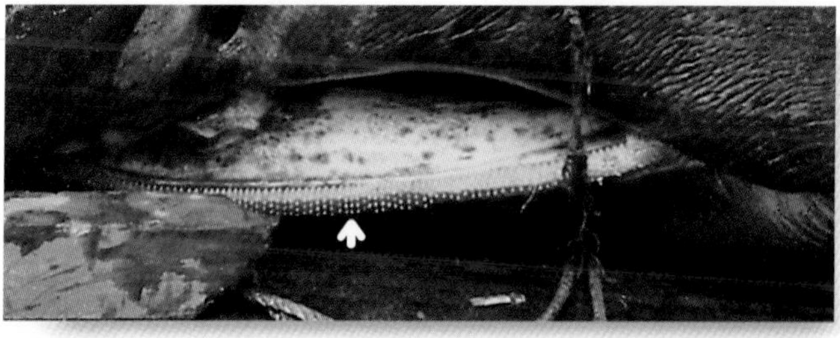

• 돌묵상어의 이빨. 몸의 길이가 10미터에 달하는 큰 상어이지만 쌀알과 같이 작은 이빨을 가지고 있다.

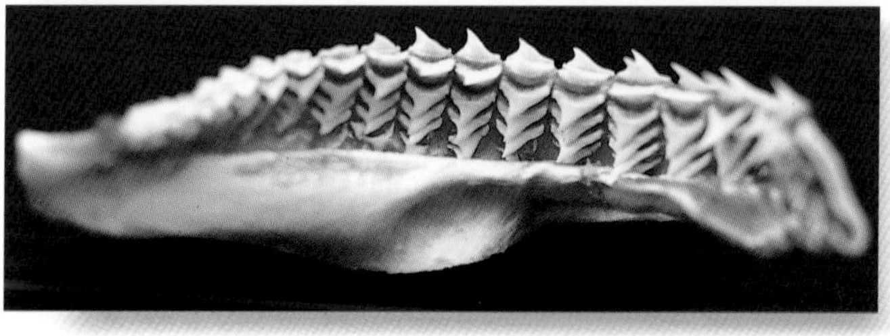

• 환도상어의 이빨. 턱의 안쪽 가장자리를 따라 많은 이빨이 열을 이루고 있다.

이상으로 세계에서 가장 큰 상어들이지만 플랑크톤이나 새우, 작은 물고기를 먹고 살아간다. 고래상어와 돌묵상어가 먹이를 잡는 방법은 먹이와 함께 물을 마시고, 아가미로 물을 내보내는 여과식 방법을 사용한다. 이렇게 먹이를 물어뜯거나 씹을 필요가 없는 고래상어와 돌묵상어의 이빨의 크기는 쌀알만하다.

**상어의 혀와 맛 감각**

물고기는 다른 척추동물과 같이 일정한 맛을 느끼는 기관은 없으나 입 안쪽의 표면, 혀, 새파, 몸 표면 등에 맛봉오리(taste bud)를 가지고 있어 신맛, 짠맛, 쓴맛, 단맛을 느낀다. 상어도 입 안의 표면에 맛을 느낄 수 있는 돌기들이 있고 그 표면에 맛봉오리가 있어서 맛을 느낄 수 있다. 상어도 혀는 있지만 혀에는 맛봉오리가 적은 편이다.

## 6. 보호막이 쳐지는 상어의 눈

상어의 눈은 다른 척추동물같이 각막, 홍채, 수정체, 망막을 가지고 있으나 몇 가지 차이가 있다. 보통 육지에 사는 척추동물의 렌즈는 망막 위에 영상의 초점을 맞추기 위해서 그 두께를 조절할 수 있으나, 상어 눈의 렌즈는 약간 납작한 구형으로 그 형태가 변하지 않는다. 상어 눈의 망막에는 어두운 곳에서도 약한 빛을 받아들이고 명암을 구분하는 간상세포는 많지만, 외부의 자극을 받아들이는 감광수체는 육지에 사는 척추동물에 비해 매우 적다. 이러한 망막구조는, 상어가 빛을 받아들이는 신경은 예민하지만 빛깔을 판별하는 능력은 뛰어나지 못하다는 것을 의미한다. 과거에는 상어가 색깔을 판별하지 못한다는 주장이 우세하였으나 최근에는 상어가 색깔을 어느 정도 판별할

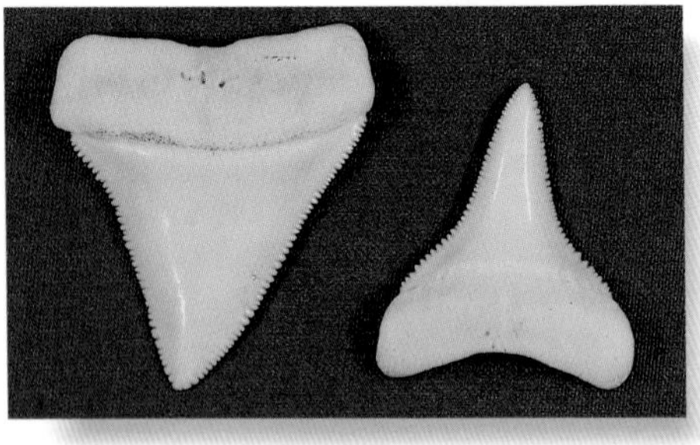

· 백상아리의 이빨은 삼각형이며, 그 가장자리가 톱니모양으로 되어 있어서 먹이를 쉽게 절단할 수 있다.

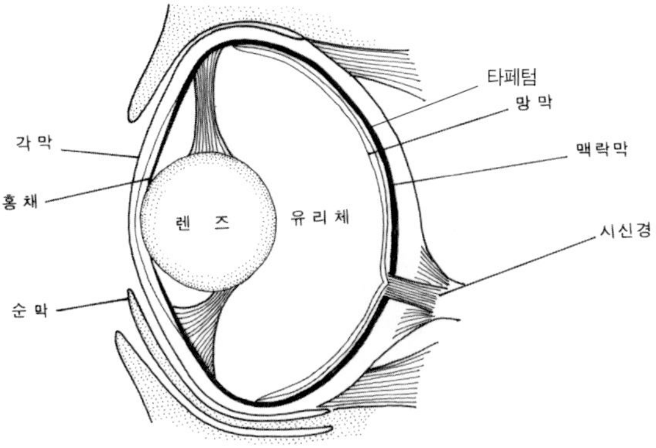


· 상어 눈의 내부 모습(그림인용 仲谷, 1992).

수 있는 것으로 알려져 있다. 상어의 눈에서 가장 잘 발달된 것은 망막의 뒤에 있는 맥락막층이다. 특히 상어의 맥락막에는 거울과 같은 여러 개의 은색판으로 이루어진 타페텀(tapetum)이 있어서 눈으로 들어온 약한 빛도 강하게 반사시켜 어두운 곳에서도 물체를 잘 볼 수 있는 것이다. 맥락막에는 혈관과 색소가 풍부하여 눈에 영양을 공급하는 한편 풍부한 색소는 동공을 통해 들어오는 바깥으로부터의 빛을 조절하여 망막상에 잘 비치도록 한다. 또한 여기에는 은판 외에도 이동하는 멜라닌 색소가 있어서 빛이 너무 강하면 이 색소가 반사판을 가려 망막에 도달하는 빛의 양을 조절한다. 육지에 사는 척추동물인 고양이에게도 타페텀이 있어서 밤

**상어는 소리를 낼 수 있을까**

상어는 소리를 낼 수 있는 기관이 없기 때문에 보통은 소리를 내지 않는 것으로 알려져 있다. 그러나 고래상어와 가까이 접해 본 경험이 있는 잠수부는 "푸, 푸" 하는 소리를 들었다고 한다. 또 두툽상어과의 복상어는 물을 마시고 복어처럼 배를 불룩하게 부풀릴 수 있는데, 포식자의 습격을 받으면 좁은 구멍이나 바위틈에 들어가 포식자에게 끌려 나오지 않으려고 몸을 부풀린다. 어부에게 잡힌 이 상어는 물 밖에서도 공기로 배를 불룩하게 하는데, 뉴질랜드의 한 어부는 이 상어가 공기를 토해 낼 때 개가 짖는 소리를 낸다고 말했다. 또 인도양에는 사람에게 잡히면 물을 토해 내면서 재채기를 하는 상어도 있다고 한다.

에도 물체를 잘 볼 수 있다.

상어의 눈꺼풀은 전혀 움직일 수 없는 것과 움직일 수 있는 순막이라는 것이 있다. 순막은 눈에 들어가는 빛을 조절하기보다는

❶

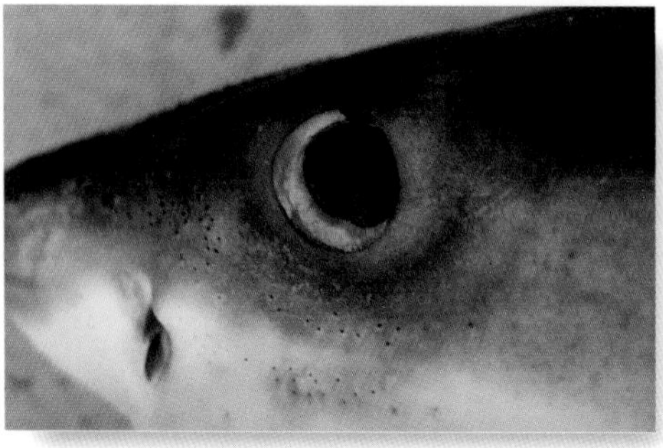

❷

· 상어 눈의 각기 다른 모양들. · 백상아리 · 별상어(화살표는 순막)

**상어 눈의 은판(타페텀)**

상어의 눈에는 맥락막에 타페텀이라고 하는 은판이 있어서 약한 빛을 받아들이며 어두운 곳에서도 물체를 잘 볼 수 있다. 경골어류의 눈에는 은판은 없지만 상어에 비하여 약 2배의 감광색소를 가지고 있기 때문에 결국 상어와 같은 정도의 광감수성을 가질 것으로 생각된다. 따라서 상어의 눈에 은판이 없다면 그들의 물 속 생활은 매우 불리할 것이다. 상어의 은판은 거울과 같이 빛을 잘 반사하며, 고양이의 은판보다 효율이 더 좋다. 어두운 곳에서 고양이보다 더 잘 볼 수 있는 것이다. 반면에 상어의 눈(맥락막)에는 밝은 곳에서 은판을 커튼처럼 가려 주는 색소세포가 있어서 너무 강한 빛이 들어오면 이들 색소세포가 은판을 가로막는다. 빛이 없는 암흑의 깊은 바다에 사는 상어는 사실 이런 기능이 필요하지 않아 언제나 은판이 노출되어 있다. 그러므로 깊은 곳에 사는 상어의 눈은 극히 민감하고 발광성 생물이 내는 미약한 빛도 잘 감지할 수 있다. 은판은 밤에 빛이 눈에 닿았을 때 발하는 색깔과 깊은 관계가 있고, 상어 눈의 색은 청록색에서 금빛까지 여러 가지가 있다.

먹이를 물고 늘어질 때 예상치 못한 외부의 자극으로부터 눈을 보호하는 데 사용된다. 청새리상어는 먹이를 먹을 때 눈의 아래쪽에서 올라온 순막이 완전히 눈을 덮어 눈알을 보호한다. 그러

❸

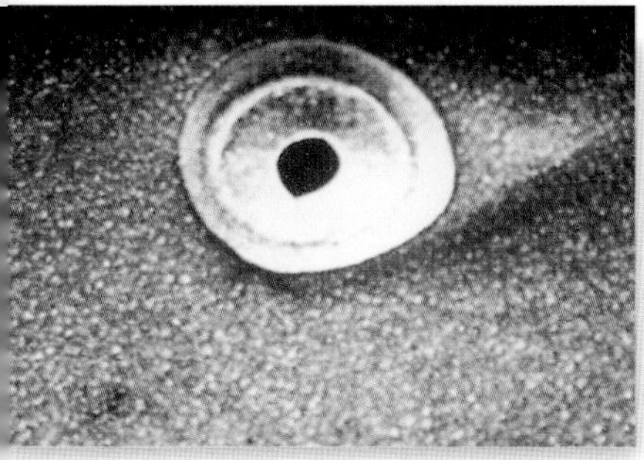

· 무태상어

❹

· 까치상어

면 순막이 없는 백상아리는 어떻게 할까? 백상아리는 먹이를 사냥할 때 눈알을 뒤로 굴려서 눈을 보호한다. 그렇다고 눈의 근육이나 구조가 일반 동물들과 특별히 다른 것은 아니다. 다만 안구가 더 잘 돌아가서 이때는 흰자위만 밖으로 보이게 하는 것이다.

## 7. 앞으로 헤엄쳐야 숨을 쉬는 상어

어항 속의 붕어를 보면 끊임없이 입을 뻐끔거리는데, 이는 물 속에 녹아 있는 산소를 물과 함께 삼키고 아가미를 통해 물을 내보내며 숨을 쉬는 것이다. 대부분의 상어는 눈 뒤에 숨을 쉬기 위한 물이 들어가는 분수공이라는 구멍이 있는데, 이것은 활동적이고 빠르게 헤엄치는 종에서는 퇴화되었고, 바닥에서

생활을 하는 상어 무리에 뚜렷하게 발달되어 있다. 바닥에서 생활하는 상어는 입으로 물을 들이킬 때 모래 등의 이물질이 함께 들어오는 것을 방지하기 위하여 입 대신 분수공을 이용한다. 분수공은 처음부터 생긴 기관이 아니라 가장 앞쪽의 아가미구멍이 변형된 것으로 생각된다.

• 신락상어목의 꼬리기름상어는 아가미구멍이 7개로 5개의 아가미구멍을 가지는 다른 상어 무리와 구분된다.

아가미구멍은 머리 뒤의 양옆에 수직으로 나 있다. 6~7쌍의 아가미구멍을 가지는 신락상어목(目)의 상어를 제외하고 모든 상어는 5쌍의 아가미구멍이 있다. 이것은 입으로 들어온 물을 내보내고, 새파로부터 가스를 교환해 숨을 쉬는 데 사용된다. 아가미구멍의 크기는 종에 따라 다양해서 몸길이의 1퍼센트에 불과한

**새파**

물고기의 아가미를 떼어 내면 안쪽에 고드름처럼 줄지어 있는 돌기물을 새파라고 한다. 새파의 모양은 막대기 모양, 주걱 모양, 혹 모양 등이 있는데 새파의 수는 물고기에 따라 다르며 전혀 없는 것도 있다. 새파는 먹이의 통로를 향해 줄지어 있기 때문에 그 형태나 배열 모양은 그 물고기가 먹는 먹이의 종류와 관계가 있다. 상어의 경우 일반 물고기에 비해 전반적으로 새파가 잘 발달된 편은 아니지만 플랑크톤을 주식으로 하는 돌묵상어는 새파가 잘 발달되어 있다. 돌묵상어는 겨울철에는 먹이를 잘 먹지 않는데, 이 시기에는 새파도 떨어졌다가 다음해 봄이 되면 다시 생긴다.

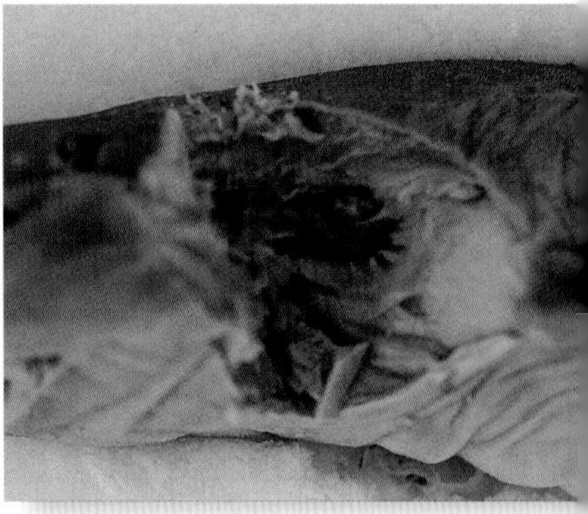

• 곱상어의 새파.

종이 있는가 하면, 돌묵상어의 아가미구멍 크기는 머리 높이와 같아서 머리 위에서 배 아래까지 길게 수직으로 이어져 있다.

상어는 헤엄치지 않으면 숨을 쉴 수 없는가? 모든 상어가 다 그렇지는 않다. 많은 상어

· 까치상어는 수족관 안에 정지된 상태에서도 아가미를 움직여 숨을 쉴 수 있다.

무리가 헤엄치지 않으면 숨을 쉴 수 없긴 하지만 움직이지 않는 상태에서 숨을 쉬는 상어도 있다. 물은 입으로 들어가 아가미구멍을 통해 몸 밖으로 내보내지며, 이때 아가미구멍의 표면에서 물 속의 산소와 혈액 중의 이산화탄소의 교환이 이루어진다. 백상아리와 다수의 종은 입을 벌린 채 헤엄을 치

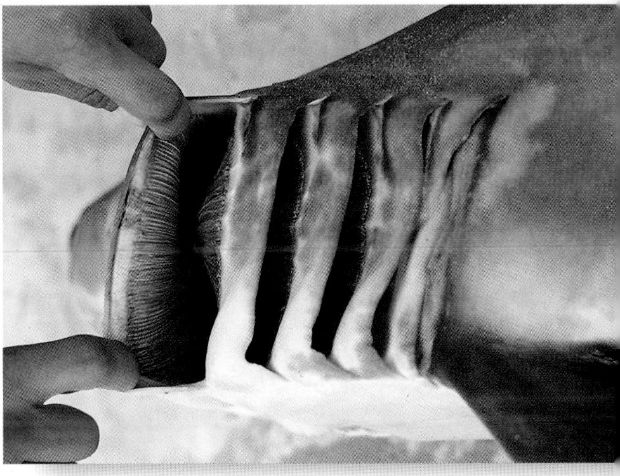

· 백상아리의 아가미구멍. 대부분의 상어는 5개의 아가미 구멍이 있다.

면서 입으로 들어온 물을 이용해 숨을 쉬기 때문에 그물에 걸려들어 움직이지 못하면 곧 죽게 되지만, 두툽상어, 까치상어 등은 헤엄치지 않을 때도 입과 아가미를 열었다 닫았다 하며 물을 받아들이고 숨을 쉰다.

# 8. 상어의 구부정한 건달 폼의 비밀은?

물고기의 지느러미는 앞으로 나아갈 때 힘을 주고 방향을 조절하거나 몸의 균형을 유지할 때 이용된다. 상어의 꼬리지느러미는 상어가 헤엄칠 수 있는 힘의 원동력이며, 지느러미 위아래가 비대칭으로 등뼈의 끝이 지느러미 위쪽을 따라 위로 휘어져 있다. 꼬리지느러미의 길이는 대개 몸통길이의 20퍼센트 이하이지만, 환도상어 무리의 꼬리지느러미는 몸통 길이만큼 길다. 먼 바다를 헤엄쳐 다니는 상어는 꼬리지느러미가 잘 발달되어 있고 몸의 중심선에 대해 45도 정도 위쪽을 향하지만, 수염상어와 같이 바닥에 사는 상어의 꼬리지느러미는 몸의 중심선과 거의 평행을 이루고, 꼬리지느러미 아래쪽(하엽)이 없거나 크기가 아주 작다. 꼬리지느러미는 상어가 앞으로 나아가는 데 가장 중요한 부위일 뿐만 아니라 급속히 방향을 바꿀 때도 사용한

### 상어는 어디에서 살까

상어가 사는 곳은 전 세계의 바다라고 할 수 있겠지만 물의 온도가 아주 낮은 남극의 바다에는 살지 않는 것 같다. 대부분의 상어는 열대와 아열대, 온대의 바다에 살고 있으나 일본 북해도의 차가운 바다에도 산다. 그리고 해안과 먼 바다에도 살며, 깊은 바다 속에 사는 것도 있다. 강과 바다가 만나는 곳이나 더운 지방의 호수 혹은 강에서 사는 것도 있고, 바다에서 강을 10킬로미터나 거슬러 올라가는 것도 있다. 그러나 완전히 육지에 둘러싸여 바다와 분리된 호수에는 살지 않는다.

### 상어는 잠을 잘까

물고기가 사람과 같이 잠을 자는지는 아직 알려지지 않았다. 상어가 잠을 잔다는 것을 증명하려면, 자고 있을 때와 움직일 때의 뚜렷한 차이가 있는지를 조사해야 한다. 일부 물고기들은 때때로 미동도 하지 않고 확실히 쉬는 상태를 유지하는데, 이러한 물고기는 낮에는 활발히 먹이를 먹으러 돌아다니고 밤에는 바위틈을 은신처로 하여 쉬는 것이다. 많은 상어는 태어나서 죽을 때까지 쉬지 않고 헤엄쳐 돌아다니지만, 분명히 잠을 자는 것 같은 상어가 있고 외부의 움직임에도 거의 반응을 나타내지 않을 때도 있다.

다. 또 지느러미 위쪽이 길기 때문에 꼬리지느러미를 들어 올리는 힘에 의해 몸의 중심이 아래를 향하게 된다. 따라서 상어는 헤엄치는 동안 머리가 약간 아래로 향하는 모습을 보인다.

백상아리나 청상아리, 악상어 등은 몸을 물결치듯 좌우로 유연하게 흔들면서, 꼬리지느러미를 넓게 움직이기보다는 마치 다랑어와 같이 꼬리를 신속하고 짧게 좌우로 흔든다. 이들은 꼬리 부분이 좁고 길며, 꼬리지느러미 앞에 1~2개의 미병측부융기선이 있어서 강력한 추진력을 얻을 수 있다. 미병측부융기선은 꼬리지느러미 앞 몸의 양옆에 칼날처럼 튀어나온 부분으로, 꼬리지느러미를 좌우로 힘차게 흔들 수 있도록 몸의 힘을 꼬리지느러미에 전달한다.

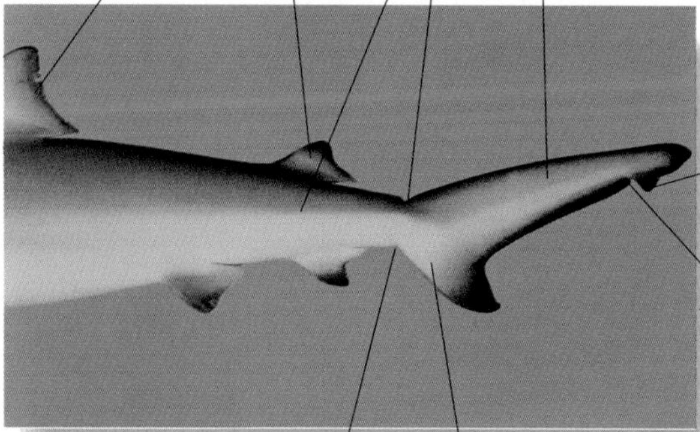


등지느러미와 뒷지느러미는 몸을 반대로 뒤집거나 꼬리지느러미를 이용해 앞으로 나아가다 몸을 옆으로 돌릴 때 사용한다. 우리나라에서 볼 수 있는 상어 가운데 칠성상어와 꼬리기름상

어를 제외한 모든 상어는 2개의 등지느러미를 가지고 있다. 가슴지느러미는 몸의 수평을 유지하게 하고 위로 떠오를 때 도와주며 갑자기 멈출 때도 사용한다. 배지느러미는 헤엄치는 데는 그다지 필요하지 않지만 몸의 균형을 유지하는 데 도움을 준다. 딱딱한 뼈를 가진 경골어류의 지느러미는 움직일 수 있는 뼈로 지탱되어 있어서 접거나 물장구를 칠 수 있지만, 상어의 지느러미는 얇고 부드러운 가장자리를 제외하고는 자유로이 움직일 수 없다. 또한 경골어류와 달리 뒤로 헤엄칠 수도 없다.

**환도상어는 긴 꼬리지느러미로 무엇을 할까**

몸통의 길이만큼이나 길다란 환도상어의 꼬리지느러미는 어떤 역할을 하는 것일까? 이들은 고기떼를 발견하면 꼬리지느러미로 물장구를 치면서 주위를 돌아 물고기를 모아 놓고, 다시 꼬리지느러미로 이들을 쳐서 기절시키거나 죽인 다음 먹는다. 즉 이것은 먹이를 모으는 역할을 하는 것이다.

• 환도상어는 긴 꼬리지느러미로 물고기들을 모아 놓고 죽이거나 기절시켜 먹는다.

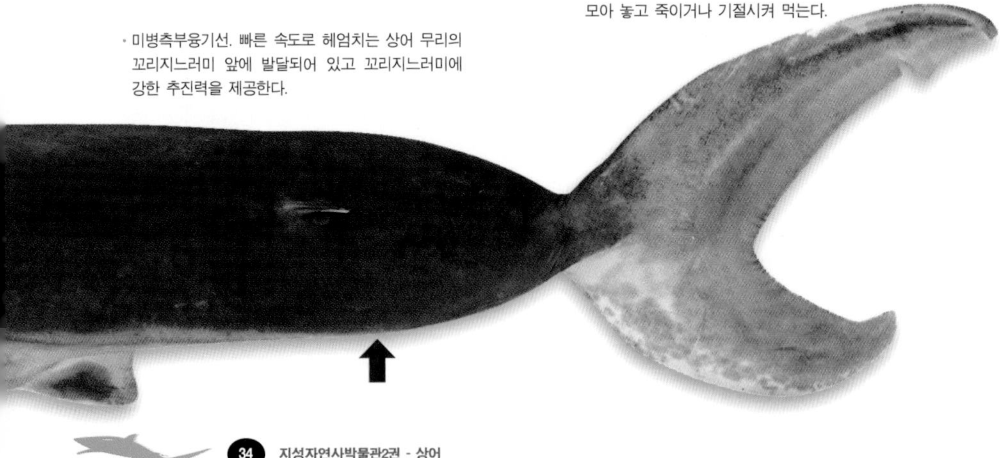

• 미병측부융기선. 빠른 속도로 헤엄치는 상어 무리의 꼬리지느러미 앞에 발달되어 있고 꼬리지느러미에 강한 추진력을 제공한다.

## 상어 꼬리지느러미의 여러 가지 모양

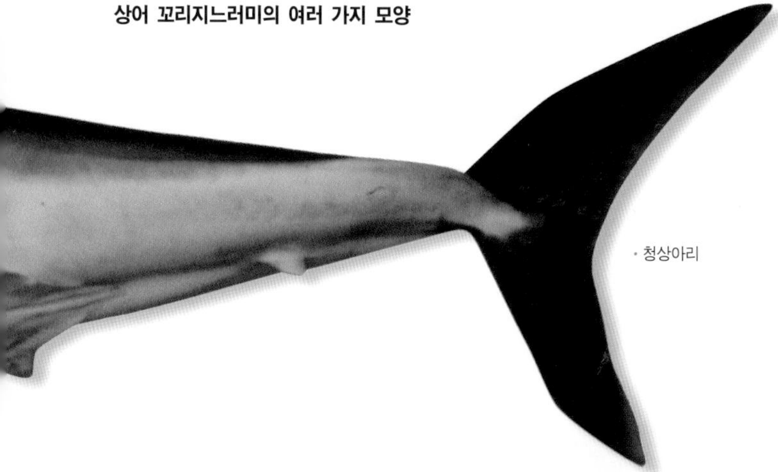

· 청상아리

· 환도상어

· 홍살귀상어

· 수염상어

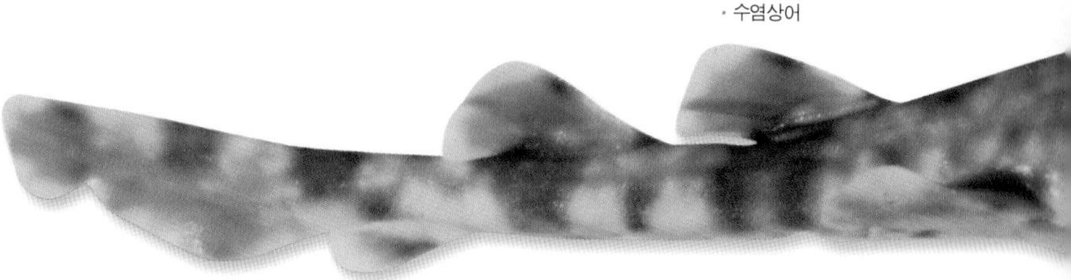

## 9. 허물 벗는 상어?

상어 피부의 까칠까칠한 감촉은 순린이라고 하는 작은 비늘 때문이다. 순린의 크기와 모양은 종에 따라 달라서 종을 구별하는 데 이용되기도 하며, 한 마리 상어를 놓고 봐도 몸의 부위에 따라 모양이 다르다. 상어의 몸이 커져도 이 비늘은 자라지 않고 일정한 크기를 유지하며, 몸이 커지면서 새로운 것으로 교체된다. 그리고 새로 난 순린은 먼저의 것보다 더 크다. 이 비늘은 끝이 눌려 구부러진 압정과 같은 모양인데, 헤엄치는 동안 물의 저항을 적게 받기 위해 끝이 모두 꼬리 방향을 향하고 있다. 최근에는 상어의 순린과 같은 구조를 가진 가죽을 항공기나 배에 이용하여 공기나 물의 저항을 줄이는 실험도 하고 있다. 상어의 공격을 받은 사람은 이 비늘에 의해 살갗이 벗겨지기도 한다. 상어는 이처럼 단단한 피부를 가지고 있기 때문에 다른 물고기에 비해 외부의 상처에 대한 저항력이 강하며, 이러한 피부는 몸의 보호와 함께 기생충의 침입을 막아 준다.

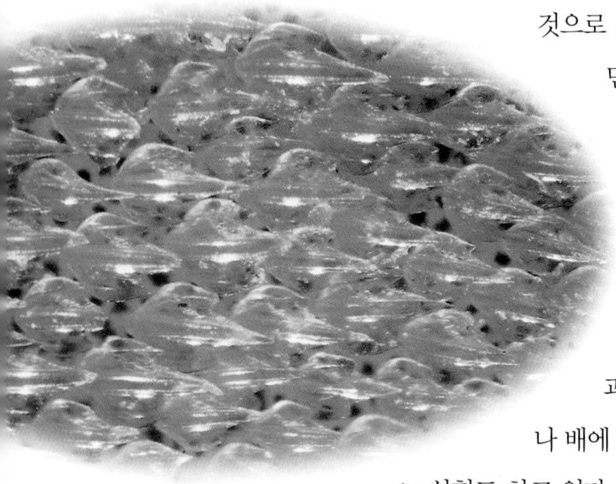

• 표범상어의 비늘을 40 배 확대한 모습.

확대해서 본 상어 비늘의 색깔은 밝고 화려해 보이지만 일반적으로 사람들의 눈에 보이는 상어의 피부색은 그렇게 산뜻해 보이지 않는다. 그렇다고 모든 상어가 다 칙칙한 색깔만 하고 있는가?

그렇지는 않다. 화려하고 갖가지 얼룩무늬를 가진 상어도 있다. 그러나 열대어나 일부 물고기가 금빛, 은빛, 홍색 등 깜짝 놀랄 만한 무늬를 가진 것에 비하면 대부분의 상어는 어두운 색을 하고 있다. 상어나 경골어류는 등쪽이 어두운 색, 배쪽은 밝은 색이 보통이며 이러한 것은 위쪽이나 아래쪽에서 볼 때 잘 보이지 않는 배색이다. 상어의 몸색깔은 청새리상어에게서 볼 수 있는 진한 남색과 기타 황록색, 담황색을 띠는 상어가 있고, 깊은 바다에 사는 상어는 몸 전체가 검은 것도 있으며, 캄캄한 바다에서 빛을 내는 발광기를 가진 것도 있다. 또 뱀상어는 어릴 때는 뚜렷한 무늬가 있지

**상어도 보호색을 띠는가**

보호색은 주로 약한 동물이 포식자의 공격으로부터 몸을 보호하여 생존경쟁에서 살아남기 위한 방어수단이다. 따라서 바다의 무법자로 일컬어지는 상어가 보호색을 가질 필요는 없을 것이다. 단지 전자리상어나 범수구리처럼 모래와 유사한 색을 띠고 모래 바닥에 몸을 묻고 숨어 있다가 무심코 다가온 생물을 날쌔게 잡아먹는 경우는 있다.

• 우리나라의 상어 가운데 가장 화려한 색깔을 띠는 수염상어(위)와 두툽상어(아래).

만 커 가면서 희미해지는 반면, 고래상어처럼 어미가 되어도 어릴 때의 몸색깔을 그대로 유지하는 종도 있다. 우리나라에서 볼 수 있는 상어 가운데 비교적 화려한 색을 가진 상어는 두툽상어, 표범상어, 수염상어 등이다.

## 10. 깡통을 삼킨 상어는 어떻게 할까

상어의 위는 J자 모양으로 아래 부분이 왼쪽으로 굽어 있다. 상어는 다른 육식동물과 마찬가지로 먹이를 자주 먹지 않으며, 위 속은 음식물이 있을 때보다 비어 있을 때가 더 많다. 그러나 상어는 일반적으로 큰 먹이를 먹기 때문에 위의 용량이 크다. 거북이의 등이나 통조림 깡통과 같이 소화가 되지 않는 것을 먹었을 때는 토해 낸다. 몸길이가 5미터 이상 되는 사육된 뱀상어가 먹이를 1개월 이상이나 소화하지 않은 상태로 위에 저장하고 있었던 적이 있었고, 다른 상어 무리에서도 위가 단순히 소화만 시키는 것이 아니라 먹이를 저장하는 기능도 있는 것으로 보고되어 있다.

**만약 상어를 관상어로 기른다면…**

상어를 관상어로 기른다면 상어 가운데 비교적 색깔이 아름답고 성격이 온순하며 주로 바닥에서 생활해서 넓은 공간이 필요치 않은 수염상어나 얼룩상어가 좋으며 먹이는 돌돔과 같은 작은 물고기면 알맞을 것이다.

상어는 거의 먹이를 씹지 않은 채 상당히 큰 먹이도 통째로 삼킨다. 먹은 음식은 위에서 소화되어 장으로 보내지며, 이곳에서 잘게 부수어져 혈액 속으로 흡수된다. 인간의 장은 원통 모양의 단순한 구조이나 상어의 장은 짧고 직선형이며, 내부에 나선형의 회전판이 있다. 장 전체의 구조는 커다란 나사를 막으로 감싼 것과 같은 모양이다. 장의 구조와 나선판의 회전수는 종에 따라 다르다. 이러한 나선형 모양은 영양분이 흡수되는 면적을 넓게 하고 소화한 먹이가 장을 통과하는 시간을 길게 만들어 영양분의 흡수율을 높게 해준다. 따라서 상어의 장은 겉에서 보기엔 짧아 보여도 장이 긴 경골어류 이상의 효과적인 기능을 수행한다. 또 이 나선판에서는 영양의 흡수와 전혀 다르게 백혈구를 만들기도 한다.

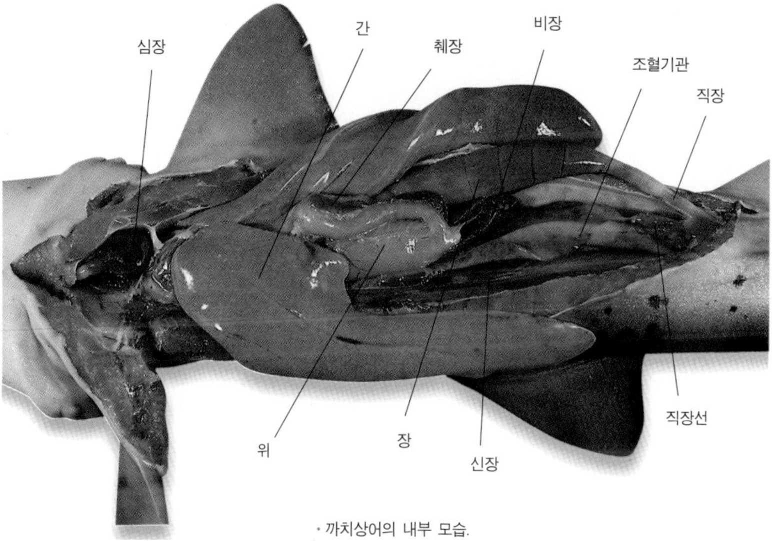


• 까치상어의 내부 모습.

상어 몸 속의 다른 기관들을 살펴보면 먼저 췌장은 엷은 붉은색으로 창자 앞에 하나의 관으로 되어 있고, 소화와 내분비기능을 담당한다. 비장은 위의 뒤에 있는 짙은 붉은색의 소화기관이며,

혈구를 만들기도 한다.

직장선은 가느다란 작은 관 모양이며 소화 후 생긴 불필요한 염화나트륨을 몸 밖으로 내보낸다. 상어는 생식선이 끝나는 부위에 에피고날(epigonal)이라고 하는 기관이 있는데 여기서는 피가 만들어진다.

백상아리의 장을 자른 모습. 상어의 창자는 그 길이가 매우 짧지만, 내부가 나선형의 회전판으로 이루어져 있기 때문에 먹이가 장을 통과하는 시간이 길어지고 소화율을 높일 수 있다.

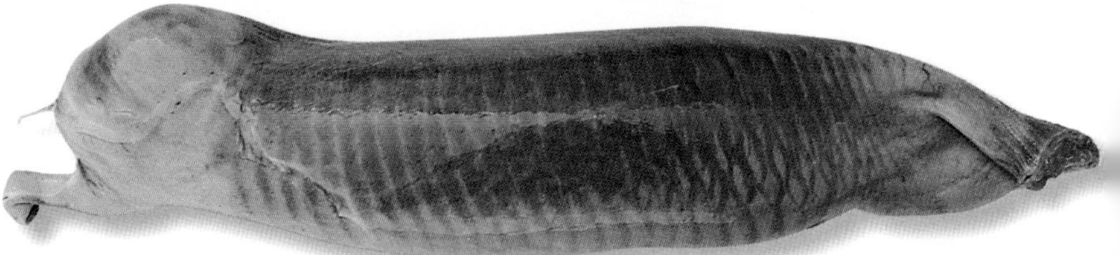

· 흰배환도상어의 장. 몸길이는 2미터에 이르지만 장의 길이는 겨우 30센티미터에 불과하며 안쪽에 나선형 구조가 보인다.

## 11. 상어는 부레가 없는데 어떻게 물에 뜰까



상어의 가장 독특한 몸 안의 기관은 간이다. 경골어류의 몸 속에는 공기로 채워진 부레가 있어서 바닥에 가라앉지 않고 떠다닐 수 있다. 상어는 부레 대신 지방질의 아주 큰 간을 가지고 있는데, 이것은 몸 속에서 가장 큰 장기이며 내장 전체의 약 25퍼센트를 차지한다. 지방은 물보다 가볍기 때문에 지방질의 간은 상어가 물에 뜨는 것을 돕는다.

어떤 상어는 간이 내장의 90퍼센트를 차지하여 물위에서 거의 움직이지 않고 떠 있을 수 있다. 그러나 대부분 상어의 간은 부레만큼 물에 뜨는 데 효율적이지 않기 때문에 헤엄을 치지 않으면 가라앉아 버린다. 상어의 간은 다른 척추동

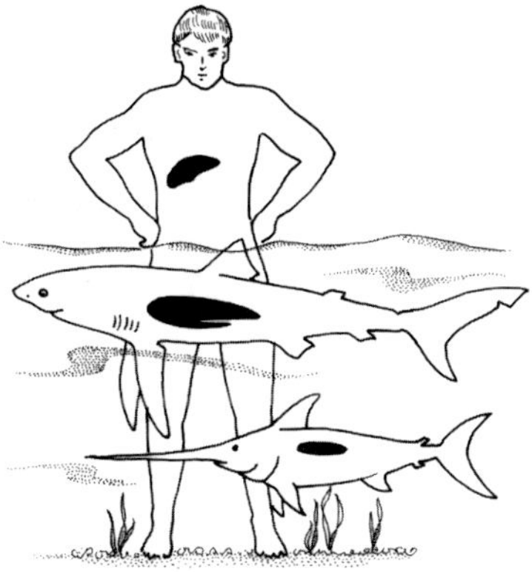

· 사람, 상어, 경골어류의 간 크기 비교 (그림인용 仲谷 等, 1996).

· 새끼 백상아리의 간과 물고기의 부레.

물과 마찬가지로 지방의 소화를 돕는 담즙을 분비하고 여분의 당을 글리코겐의 형태로 저장, 지방산의 축적, 단백질의 생성, 요산의 형성, 해독작용, 생명이 다한 적혈구의 파괴 등 많은 일을 수행한다. 상어의 커다란 간은 부력 외에도 먹이를 먹은 후 오랫동안 견딜 수 있도록 양분을 저장하기도 한다.

## 12. 물렁뼈를 가진 상어

상어의 물렁뼈(연골)란 무엇일까? 이 물렁뼈는 결합조직의 일종으로 사람의 코나 귀를 이루고 있는 뼈와 같은 것이다. 흔히 물렁뼈는 단단한 뼈보다 튼튼해 보이지 않아 살아가는 데 불리한 것 같지만 꼭 그렇지만은 않다. 오히려 딱딱한 뼈보다 가볍고 연하기 때문에 물에 더 잘 뜰 수 있고, 유연하기 때문에 자유롭게 움직일 수 있어 더욱 유리하다. 결국 상어는 몸이 가라앉지 않게 하기 위해 들이는 힘이 적어도 되고 유연한 뼈 덕분에 그만큼 몸의 운동성이 좋아진다고 할 수 있다.

상어의 뼈나 몸의 연한 부분은 죽으면 바로 썩기 때문에 완벽한 상어의 화석이 남은 경우는 거의 없고, 어느 정도 몸의 형태가 남아 있는 화석도 찾기가 힘들다. 그래서 화석을 통해 상어의 진화를 연구하는 데 어려움이 있다. 보통 화

**상어는 죽으면 왜 악취를 내는가**

잡은 물고기를 썩지 않게 보관하려면 소금을 뿌려 고기 속의 물기를 빼는 것이 삼투압의 원리이다. 그렇다면 소금물인 바다 속에 사는 상어는 어떻게 몸 안의 수분을 유지하는 것일까? 상어는 피와 체액 속에 많은 요소를 가지고 이 문제를 해결한다. 요소는 색도 없고 냄새도 없지만, 상어가 죽은 후에는 박테리아에 의해 급속히 분해되면서 암모니아를 만들어 내는데 코를 찌르는 이 냄새 때문에 사람들은 신선하지 않은 상어의 냄새를 좋아하지 않는다.

석으로 발견되는 것은 이빨, 등지느러미 가시, 비늘 정도라서 이것만으로는 고생물학자들이 수천만 년 전의 상어가 어떤 모습을 하고 있었는지 밝히기란 대단히 힘든 일이다.

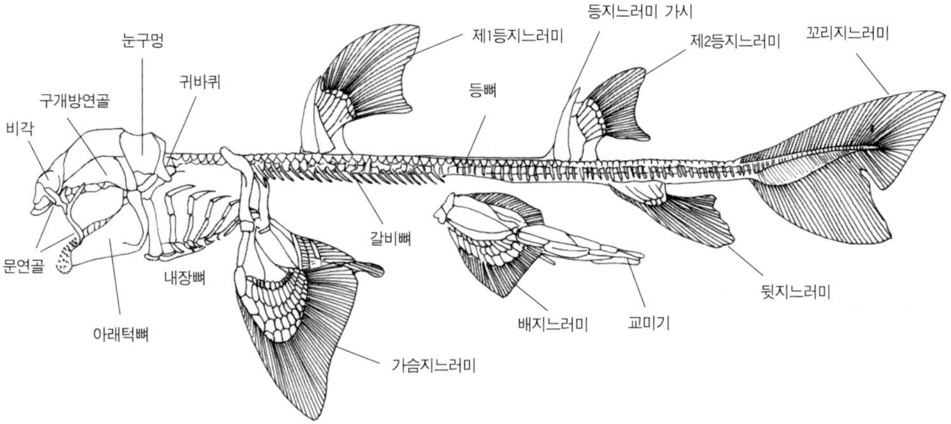


• 상어의 몸을 구성하는 뼈(그림인용 Romer, 1949)

상어의 머리뼈는 뒤쪽에 등뼈가 관절에 의해 이어진다. 머리뼈는 종류에 따라 형태는 다르지만 앞쪽에서 주둥이의 축이 되는 문연골, 코를 보호하는 비각(鼻殼), 눈이 들어가는 눈구멍, 귀를 보호하는 귀바퀴 등으로 나뉘어진다. 머리뼈의 아래쪽 입과 아가미 부근에 먹이를 먹고 숨을 쉬는 것과 관련된 내장뼈가 있다. 내장뼈는 머리뼈와 마찬가지로 연골어류는 일생 동안 물렁뼈 상태를 유지한다. 그러나 경골어류에서는 딱딱하게 변하여 복잡한 구조를 하게 된다. 물렁뼈를 가진 물고기는 보통 7쌍의 내장뼈가 있으나 꼬리기름상어의 경우에는 8~9쌍의 내장뼈가 있다. 제1

쌍은 턱을 지지하고, 제2쌍은 혀를 지지하며, 제3~7(8, 9)쌍은 아가미를 지지한다. 양턱 가운데 위턱은 구개방연골에, 아래턱은 아래턱뼈에 붙어 있으며, 구개방연골은 등쪽에서 머리뼈와 연결되어 있다.

등뼈는 뒤로 갈수록 점점 작아져 뒤끝에서 약간 위쪽으로 구부러져 부정형의 꼬리지느러미의 축을 이루지만 마지막의 등뼈는 가늘고 막대모양을 이룬다. 또한 등뼈의 앞부분에는 갈비뼈가 있으나 이것은 아주 짧아서 경골어류처럼 내장을 보호하지는 못한다.

## 13. 상어는 몇 살까지 살까

상어의 나이는 종에 따라 차이가 있지만, 평균적으로 약 25년 정도 살며, 가장 오래 사는 상어는 70~100년 정도로 추정된다. 상어의 평균 나이는 수족관에서 사육하면서 혹은 등뼈를 잘랐을 때 나타나는 나이테를 조사하여 알 수 있다. 그러나 상

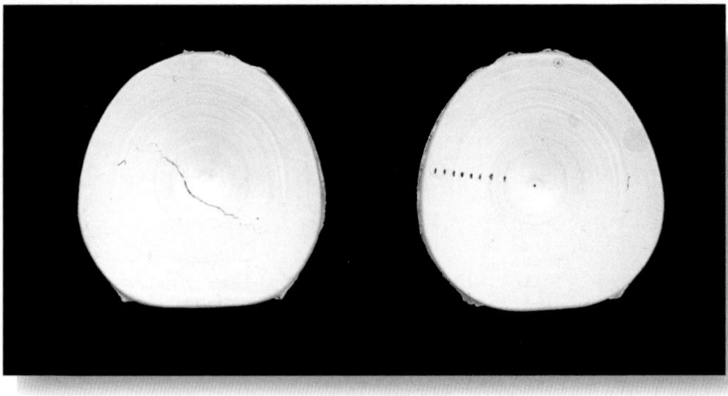

· 백상아리의 등뼈 단면의 나이테. 약 10개의 나이테가 형성되어 있는 것으로 보아 태어난 지 10년이 경과한 것으로 추정된다.

어를 사육하는 것은 백상아리나 뱀상어와 같이 난폭한 상어나 먼 거리를 헤엄치는 상어 같은 경우에는 매우 힘든 일이고 수명이 긴 상어의 경우는 더욱 어렵다. 또 일반적으로 사용되는 등뼈의 단면에 나타나는 나이테도 사계절이 뚜렷하지 않은 바다에 사는 상어는 1년에 몇 개가 형성되는 종이 있고, 물의 온도가 거의 변하지 않는 더운 지역에서는 등뼈에 주기적으로 나이테가 만들어지지 않기 때문에 이 분야의 연구는 상당히 어려운 실정이다.

**상어 등뼈의 나이테는 어떻게 만들어지나**

상어 등뼈 단면에 나타나는 동그란 무늬를 윤문 혹은 나이테라 하며 상어의 나이를 추정하는 데 사용된다. 이것은 나무를 자르면 나타나는 나이테와 같은 모양과 원리로 만들어진다. 돔발상어과와 괭이상어과와 같이 등지느러미 가시가 있는 경우에는 가시를 잘라 나이를 알아낼 수 있다. 여기에도 나이테 모양의 무늬가 나타난다. 겨울철에는 성장이 더디므로 그 간격이 짧고 여름철에는 성장이 활발하여 동심원의 간격이 넓게 나타난다. 따라서 나이테의 간격이 좁게 나타난 부분의 횟수는 겨울을 난 횟수와 같아서 상어의 나이를 계산할 때 쓸 수 있다.

## 14. 상어는 어떻게 먹이를 찾아낼까

상어는 먹이를 사냥하기 위하여 여러 가지 감각기관을 이용한다. 먼저 '소리'로 먹이의 대략적인 위치를 파악하고 다음에 '냄새'로 수백 미터 떨어진 곳에 있는 먹이의 정확한 위치를 알아낸다. 100미터까지 접근하면 옆줄(측선)로 먹이가 움직이는 '진동'을 감지하고, 10미터 이내로 접근하면 '눈'을 사용한다. 그 밖에도 상어는 동물에게서 나오는 미약한 전류를 감지하는 로렌치니기관이라는 특수한 감각기관이 있어서 진흙 속의 먹이도 찾아낼 수가 있다.

소리는 공기중에 비해 물 속에서 더 빠르고 멀리 전달되며 따라서 청각은 상어에게 가장 중요한 감각이다. 낮은 파동의 소리는 높은 파동의 소리보다 멀리까지 들리기 때문에 상어는 낮은 파동의 소리에 민감하며, 주변의 물고기들이 내는 불규칙한 소리는 배고픈 상어에게 그들의 위치를 알리는 신호나 마찬가지이다. 먼 바다에 사는 일부 상어는 1킬로미터 이상 떨어진 곳의 소리도 들을 수 있다.

상어는 2개의 콧구멍을 가지고 있으나 이것은 숨쉬는 것과는 전혀 관계가 없고 단지 냄새를 맡기 위한 기관인데, 수백 미터 앞의 냄새를 분간할 수 있다. 냄새에 민감한 상어는 1백만 분의 1로 희석한 피의 냄새도 알아내는데, 이것은 94리터의 물에 떨어뜨린 한 방울의 피에 해당하는 것이다.

또 몸 옆에는 옆줄이 있는데 이 옆줄은 액체가 들어 있는 관으로, 안쪽에는 외부의 자극을 감지하는 세포가 있어서 부근에 있는 물고기가 일으키는 작은 움직임과 진동을 느끼거나 몸의 균형을 유지하는 데 이용된다. 상어는 물이 탁해서 보이지 않을 때, 혹은 소리를 내지 않는 먹이를 찾아내기 위해서 옆줄을 이용하며 상처 입은 물고기의 작은 움직임도 감지할 수 있다.

햇빛은 바다 속의 일부에만 투과되기 때문에 물 속에서 눈으로 사물을 구별하는 것은 육지에서만큼 중요하지는 않다. 상어 눈의 구조는 기본적으로 사람과 같다. 상어는 형태나 색깔은 희미하게 구별하지만 빛의 세기와 움직임에는 대단히 민감하다. 눈의 크기는 사는 곳이나 생태에 따라 다른데 얕은

**로렌치니기관**

상어의 주둥이 부분에 있는 로렌치니기관은 밖에서 볼 때 많은 구멍으로 이루어져 있고 안쪽은 주머니 모양의 구조로서 관을 통해 바깥과 연결되어 있는데, 이 관의 안쪽은 점액 물질로 채워져 있다. 로렌치니기관은 물의 온도, 염분, 기타 자극에 민감하고 가장 중요한 기능은 전기적 자극을 감지하는 것이다.

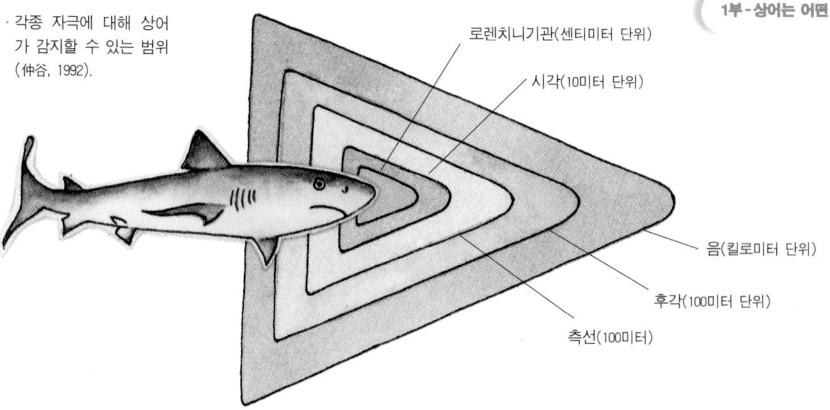


· 각종 자극에 대해 상어가 감지할 수 있는 범위(仲谷, 1992).

바다에 살면서 움직임이 둔한 먹이를 잡아먹는 상어는 눈이 작고, 깊은 바다에 사는 상어는 큰 눈을 가지고 있다.

상어의 머리 앞쪽에는 생물이 내는 미약한 전류를 감지하는 특수한 기관이 있어서, 이것으로 먹이가 있는 곳을 정확하게 찾아낸다. 이 기관은 물의 흐름이나 지구의 자기를 감지하여 장거리를 이동하는 데도 유용하다. '로렌치니기관'이라는 이 기관은 피부 위에 수백 개의 작은 구멍으로 구성되며, 최초의 발견자인 17세기 해부학자 로렌치니의 이름을 붙인 것이다. 로렌치니기관에는 자장(磁場)의 유무뿐만 아니라 자력선의 방향을 알 수 있는 감각세포가 있다. 살아 있는 동물은 주위에 자장을 만들기에 상어는 눈이나 코에 의존하지 않고도 먹이를 찾아낼 수 있다. 하지만 동물이 내는 전류는 아주 미약해서 가까이 가지 않으면 알아낼 수가 없다. 상어는 먹이가 2미터 안에 있을 때 로렌치니기관을 사용하는데, 어두운 곳이나 모래 속

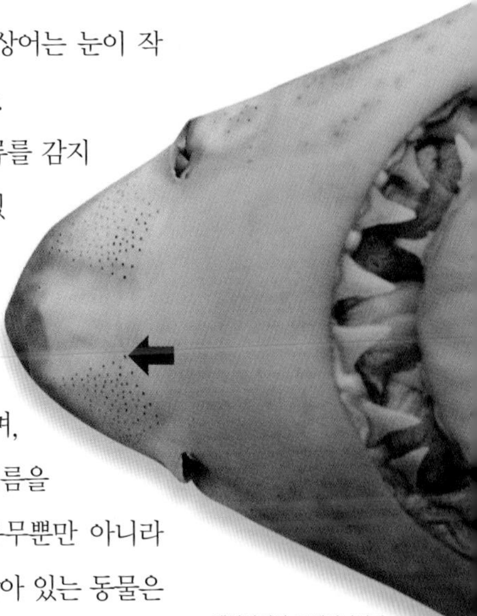

· 백상아리의 로렌치니기관.

에 숨어 있는 먹이를 찾아내는 데 매우 유용하다. 상어의 이 기능은 매우 탁월하여 1억 분의 1볼트의 전류도 감지할 수 있다.

· 상어의 공격을 받은 잠수장비와 보트(사진제공 仲谷). 백상아리의 강력한 이빨은 철판을 뚫을 정도의 위력을 가지고 있으며(위), 보트가 상어의 공격을 받는 경우도 있다(아래).

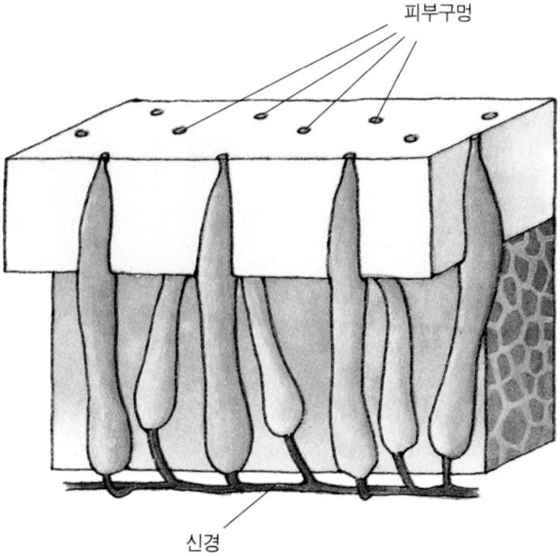


· 로렌치니기관의 내부 모습 (그림인용 竹内, 1994).

**상어는 자신보다 큰 물체를 싫어한다는데…**

옛날부터 빨간 끈을 매거나 길이가 긴 끈을 써서 상어를 피하는 방법이 전해져 내려오고 있다. 상어는 자신보다 큰 물체를 싫어한다는 데서 기인한 것이다. 그러나 상어는 붉은색을 두려워하지도 않고, 끈을 길게 하여 몸을 크게 보이도록 해도 자기보다 큰 물체를 무서워하지도 않는다. 큰 보트를 무차별 공격하는 경우도 있다. 따라서 이것은 과학적 근거가 있는 것은 아니며 상어로부터 몸을 보호하는 데 별로 실효성 있는 방법은 아닌 것 같다.

## 15. 상어의 지능은 어느 정도일까

상어의 지능에 대해서는 별로 알려져 있지 않았으나, 바다 속에 사는 다른 물고기에 비해 비교적 높은 지능을 가지고 있는 것 같다. 바다 속을 자유로이 헤엄쳐 다니는 상어를 실험하는 것은 대단히 어려워서 상어의 행동 가운데 어떤 것이 지능에 의한 것인지 본능에 의한 것인지는 거의 밝혀지지 않고 있다. 일부 상어는 작은 뇌를 가진 것도 있으나, 대부분은 몸무게에 비교하여 뇌의 무게를 계산해 보면 새나 포유동물만큼 큰 뇌를 가지고 있다. 학습능력을 보면 새나 쥐 정도의 수준이고, 어떤 상어는 토끼와 같은 정도로 능숙하게 미로를 학습할 수 있다. 물론 사람에 비할 수는 없지만 물고기 치고는 놀랄 만한 지능인 것이다.

상어의 뇌는 앞에서부터 간뇌(대뇌와 소뇌의 사이)를 포함한 전뇌가 있고 중뇌, 소뇌, 연수가 있으며, 가장 앞부분에 전뇌를 포함하는 한 쌍의 대뇌반구가 있다. 대뇌는 냄새에 관련된 정보를 처리하고 중뇌는 시각에 관여하며 소뇌는 근육의 움직임을 조절하는 것으로 생각된다. 그러나 상어의 신경생물학적 연구는 아직 미진한 상태이다. 예전에는 전뇌가 후각에만 관련된 것으로 알려졌는데 최근에는 약 10퍼센트만이 후각에 관여할 뿐 나머지 90퍼센트의 역할은 아직

• 상어 뇌의 모습.

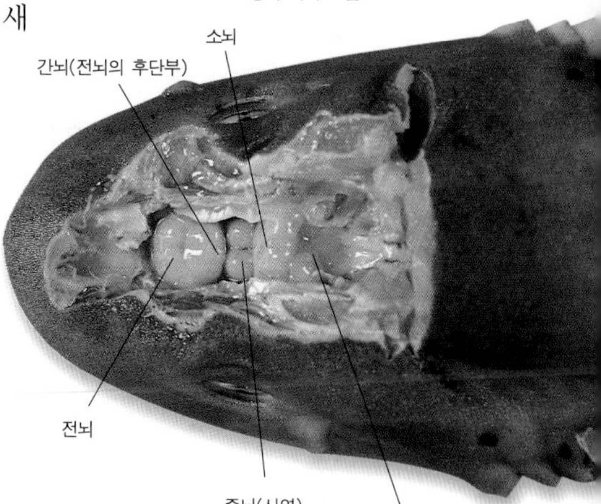

밝혀지지 않고 있다.

## 16. 상어의 이동과 먹이싸움

상어는 바다 속을 목적지 없이 헤엄쳐 다니는 것은 아니다. 많은 상어가 세력을 나타내는 일정한 구역을 가지고 같은 길로 헤엄쳐 다닌다. 매년 계절마다 해류를 따라 이동하는 무리도 있고 온대와 열대 바다를 멀리 이동하는 것도 있다. 한 가지 예로, 미국 뉴욕에서 표시가 된 청새리상어가 브라질 바나에서 집혀서 이들이 적도를 가로질러 이동한다는 사실이 밝혀졌다. 최근에는 상어의 몸에 발신기를 달아 연구하고 있어서 이들의 행동 범위와 그 유형이 분명해지고 있다.

청새리상어를 비롯한 많은 상어는 야행성으로, 밤에 활발히 움직인다. 그러나 일부 상어 무리는 새벽이나 해질녘에 먹이를 찾아 움직이기도 한다.

등지느러미만을 물위에 내놓고 유유히 먹이 곁으로 다가오는 한 마리 상어의 모습도 공포감을 주지만, 무리를 지어 광적으로 달려드는 모습은 더욱 오싹함을 느끼게 한다. 이처럼 무리를 이룬 상어가 동시에 먹이싸움을 벌일 때는 거의 광란적

**상어는 얼마나 빠를까**

자연 상태에서 물고기의 속도를 측정하는 것은 불가능한 일은 아니지만 상당히 어려운 일이다. 속도를 측정하는 정확한 방법은 속도를 알고 있는 물의 흐름 속을 거슬러서 헤엄치도록 하는 방법이 있으나, 이러한 흐름을 만들기 위해서는 실험실의 탱크를 사용해야 한다. 그러나 대부분의 상어는 너무 커서 실험을 위하여 헤엄치도록 하는 일은 불가능하며, 대개 바다에서 헤엄치고 있을 때의 속도를 측정하는 것에 불과하다. 일반적으로 큰 상어일수록 속도가 빠르고, 먹이를 쫓아가거나 공격할 때 속도는 더욱 빨라진다. 청상아리가 물위 6미터까지 튀어 오른 것이 관찰되었는데, 이 정도 점프하는 데는 이론적으로 물 속에서 시속 35.2킬로미터의 속도를 내야 한다는 계산이 나온다.

이다. 광란상태가 된 상어는 눈에 띄는 것은 무엇이든지 물어뜯으며, 심지어는 같은 동료를 잡아먹기도 하는데 주위의 상어가 많아지면 더욱 난폭한 행동을 한다. 왜 이런 행동을 하는지는 밝혀지지 않고 있는데, 일부에서는 뇌에 들어오는 정보량이 상어의 뇌가 처리할 수 있는 양을 초과해서 자제력을 잃어 버린다는 설이 있다. 비슷한 행동은 다른 척추동물에서도 볼 수 있는데, 새들의 경우 매나 부엉이가 공동의 적을 떼를 지어 공격하는 경우이다. 인간도 폭동 때는 일종의 광란상태가 될 수도 있다.

언뜻 생각하면 상어는 바다의 무법자답게 무서울 게 없을 것 같지만 꼭 그렇지만은 않아 보인다. 최근에 와서는 상어가 위협을 느꼈을 때는 어떤 특수한 자세를 취하는 것까지 밝혀지고 있다.

**상어는 통증을 느끼는가?**

상어가 통증을 느끼는지는 불분명하다. 아리스토텔레스 시대 이전부터 "통증이란 어떤 것인가? 생리적 현상인가? 감정적 현상인가?" 등의 많은 논쟁이 있었다. 인간의 통증은 뇌에서 나오는 어떤 화학물질에 의해 결정되며, 그 정도는 사람에 따라 차이가 있다. 어떤 사람에게는 참을 수 없는 통증인데, 같은 통증에 대해서 태연한 사람도 있다. 따라서 인간에게는 심한 통증이 상어에게는 통증으로 느껴지지 않을 수도 있다. 돌고래를 먹으려고 접근한 청새리상어에게 어부가 치명적인 상처를 가했는데도 이미 광란상태가 된 청새리상어는 상처에 아랑곳하지 않고 계속 돌고래를 공격한 일이 있다. 그러나 상어가 과연 통증을 느끼는지는 알 수 없고 느낀다 하더라도 그 정도를 측정할 방법은 없다.

• 상어 가운데 가장 빠른 청상아리.

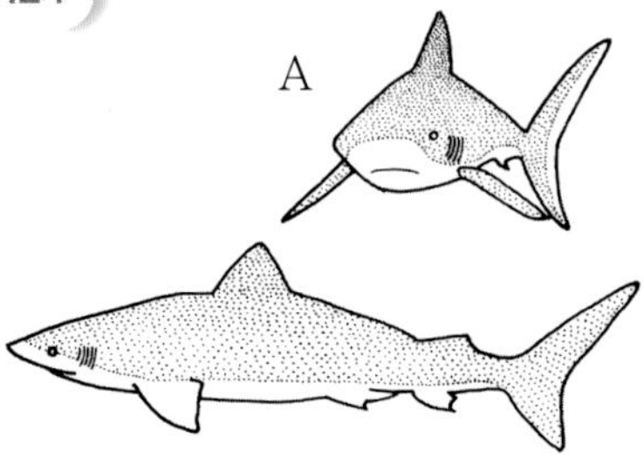


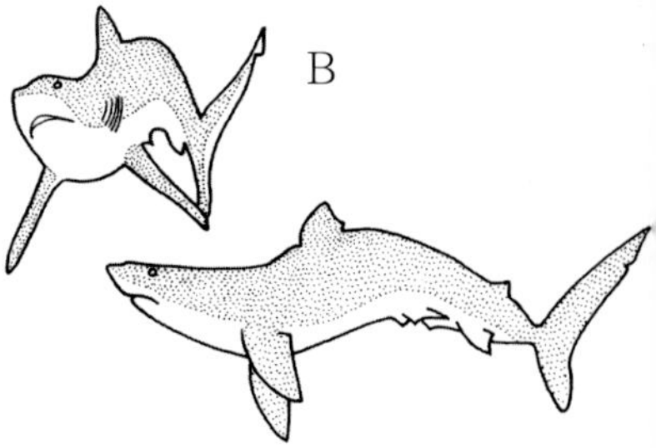


상어의 보통자세(A)　　　　　공격자세(B)(그림인용 仲谷, 1992)

상어가 등을 활모양으로 휘고 가슴지느러미를 아래로 내린 채 머리와 꼬리를 좌우로 흔드는 행동을 취할 때는 침입자를 위협하여 쫓아내기 위한 공격자세이다.

## 17. 상어는 어떻게 사랑을 할까

모든 상어는 체내수정을 한다. 일반적인 물고기와 달리 상어의 수컷은 배지느러미 안쪽에 손가락 모양의 길다란 한 쌍의 교미기가 있어서 짝짓기를 할 때 이것을 암컷의 생식구멍 안으로 넣는다. 대부분의 상어는 짝짓기를 할 때 한 쌍의 교미기 가운데 단 한 개만을 사용하지만 드물게 두 개를 동시에 넣기도 한다.

상어의 수컷은 배의 피부 바로 안쪽에 물이 들어갈 수 있는 한 쌍의 수관낭이 있다. 이것은 작은 구멍을 통해 교미기와 연결되어 있고 이 주머니는 짝짓기에 앞서 교미기의 반복된 수축 운동에 의해 바닷물로 채워진다. 그리고 이 수관낭 속에 있는 분비물, 바닷물, 정액의 혼합물이 짝짓기 하는 동안 암컷의 생식구멍 안으로 들어간다. 수컷이 짝짓기 전에 수관낭에 바닷물을 채우는 것은 그들의 정액을 보다 탄력 있게 암컷의 몸 속에 전달하기 위한 것으로 생각된다.

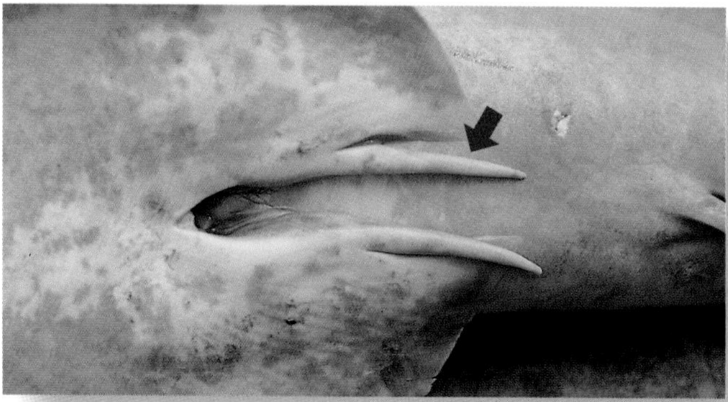

· 환도상어의 교미기. 경골어류와 달리 체내수정을 하는 상어 수컷의 경우 손가락 모양의 교미기를 가지고 있어서 정자를 암컷의 생식구멍 안으로 전달한다. 교미기는 배지느러미의 일부가 변형된 것이다.

상어의 짝짓기 행동은 종에 따라 조금씩 차이는 있지만 거의 비슷하다. 상어의 짝짓기는 수컷이 주둥이를 암컷의 생식구멍 가까이 들이대고 암컷에게 가까이 붙어 뒤따라 가면서 시작되는데, 수컷은 암컷의 분비물을 통해 짝짓기가 가능한지 확인한다. 짝짓기를 하는 동안 종에 따라 취하는 자세가 다양한데 대개는 서로 몸을 밀착시키고 눕거나 서로 나란히 헤엄치고, 이때 수컷의 몸통 뒷부분은 암컷의 몸통 뒷부분의 아래쪽에 위치한다.

· 교미기와 연결된 수관낭

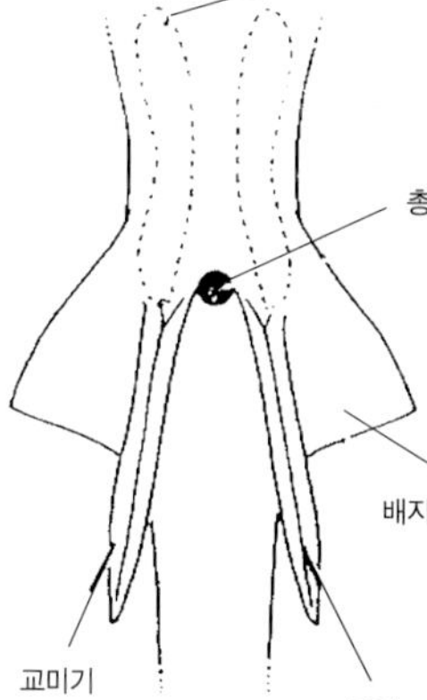


상어가 짝짓기를 하기 전에 보이는 또 다른 보편적인 행동은 물

· 상어의 짝짓기.

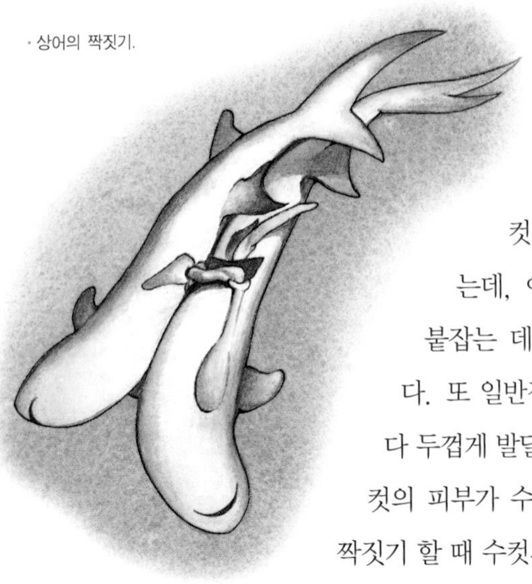

어뜯는 것이다. 대다수의 경우 짝짓기 바로 전에 또는 짝짓기가 이루어지는 동안 수컷은 암컷의 가슴지느러미 또는 아가미를 문다. 대개 수컷의 이빨은 암컷의 것보다 다소 길게 발달되어 있는데, 이것은 짝짓기를 하는 동안 암컷을 붙잡는 데 유리하게 적응된 것으로 생각된다. 또 일반적으로 암컷의 피부가 수깃의 것보다 두껍게 발달되어 있고, 특히 청새리상어는 암컷의 피부가 수컷의 2배 가까이 두꺼운데, 이는 짝짓기 할 때 수컷의 이빨로부터 몸을 보호하기 위한 것임이 분명하다.

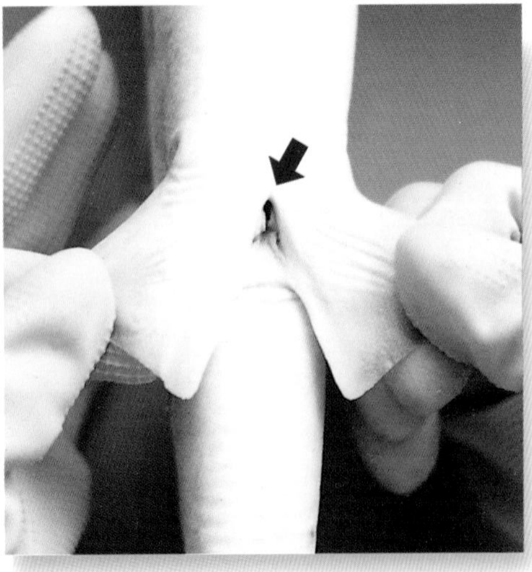

· 상어의 총배설강.

상어는 교미를 하고 새끼를 낳는 생식공, 소변을 내보내는 수뇨관, 그리고 항문이 총배설강이라고 하는 하나의 구멍을 통해 밖으로 나 있다. 따라서 배설과 생식 및 출산이 총배설강을 통해 이루어진다. 그러나 경골어류는 소변을 내보내고 교미를 하는 비뇨생식구멍이 뒤에 있고 그 앞에 항문이 따로 있다.

## 18. 상어는 어떻게 새끼를 낳을까

경골어류는 암컷이 수천 수만 개의 알을 정해진 장소에 낳거나 물 속에 내보내면 수컷이 그 위에 정액을 뿌려 알을 수정시킨다. 이런 경우 수정란이나 태어난 새끼들은 작고 무방비 상태라 어미가 되기 전에 대다수가 다른 포식자에 의해 잡아먹힌다. 반면 모든 상어는 체내수정을 하고 적은 수의 새끼를 낳으며, 새끼는 자립할 때까지 어미의 몸 속에서 자라거나 단단한 알껍데기(난각, 卵殼)에 의해 보호를 받는다. 상어의 새끼 수는 겨우 1~20마리밖에 낳지 않는 곱상어로부터 80마리 이상을 낳는 칠성상어, 4~135마리를 낳는 청새리상어에 이르기까지 종마다 다르고 같은 종이라도 개체에 따라서 큰 차이가 있다. 어미와 똑같은 모양으로 태어나는 상어는 태어날 때 이미 다른 고기들한테 잡아먹히지 않도록 숨거나, 자기를 지키거나, 스스로 먹이를 찾는 능력을 가지고 있다.

상어가 짝짓기를 마치고 수정이 이루어져 태어나는 과정에는 세 가지 서로 다른 방법이 있다.

첫번째는 태생으로, 사람과 같이 태반을 통하여 어미로부터 영양을 공급받아 자라서 태어나는 방법이다. 태생의 상어는 초기발생 과정에서 수란관에 붙어

**상어도 배꼽이 있는가**

뚜렷하지는 않지만 태생 상어에게는 배꼽이 있다고 말할 수 있다. 상어가 새끼를 낳는 3가지 방법 가운데 가장 발달된 형태는 태생이다. 귀상어와 청새리상어는 대표적인 태생 상어이다. 태생 상어는 난생이나 난태생에 비해 종 수가 매우 적다. 이러한 종의 새끼들은 발생 초기에 태반에 싸여 있고 양분이 배꼽을 통해 어미의 몸에서 새끼에게 전달된다. 그러므로 막 태어난 상어의 새끼는 포유동물의 배꼽과 같은 흔적이 있다. 그러나 이 배꼽은 사람과 같이 완전한 것은 아니기 때문에 시간이 지나면 없어진다.

있는 태반으로부터 양분을 흡수하며, 8~12개월의 임신기간을 가진 후 비교적 소수의 큰 새끼를 낳는다. 태생의 상어는 많지 않으며, 우리나라에서는 귀상어와 홍살귀상어, 청새리상어가 대표적인 태생 상어이다.

두번째는 난태생으로, 알이 어미의 몸 밖으로 나오지 않은 상태에서 어느 정도 클 때까지 어미의 수란관에 머물러 있다가 그곳에서 부화되는데, 이때는 얇은 막으로 된 알껍데기에 싸여 있다. 난태생 상어의 알은 일반적으로 난생의 상어에 비해 알껍데기가 얇다. 이들이 알 속에서 양분을 취하는 방법은 여러 가지가 있는데, 대부분은 소화기관에 연결된 노른자위 주머니(난황낭, 卵黃囊)로부터 양분을 흡수한다. 또 극히 드문 예지만 먼저 부화한 어린 새끼가 아직 부화하지 못한 알을 먹고 자라는 경우도 있다. 자신의 형제자매를 먹고 자라는 것으로 자궁 속에서 동족을 잡아먹는 이러한 현상을 '식란(食卵)'이라 한다. 이 때문에 난태생인 상어의 좌우 한 쌍의 자궁 안에는 각각 한 마리씩의 새끼만이 살아남는 경우도 있다. 식란을 하는 상어의 알은 처음에는 약 4~20개의 알을 가지고 있다. 특히 이러한 종류의 상어를 해부할 때는 주의가 필요하다. 어미의 배를 해부하던 중 아직 태어나지도 않은 새끼에게 손을 물린 예도 있기 때문이다. 이렇게 어미의 뱃속에 있는 새끼라도 날카로운 이빨을

• 출생 직후의 어린 백상아리. 난태생인 백상아리는 태어나기 전부터 날카로운 이빨을 가지고 있다.

가지고 어미의 자궁 안에서 자유롭게 움직이고 있는 것이다. 난태생 상어는 초기발육 단계에는 호박색의 얇은 알껍데기에 의해 보호를 받으며, 4~6개월 후에는 알껍데기가 찢어지거나 녹아 버린다. 이후 새끼들은 어미의 자궁 속에서 노른자위 주머니의 영양을 공급받아 자라는데, 임신기간은 매우 길어서 약 22~24개월로 알려져 있다. 난태생 상어 가운데 잘 알려진 종은 백상아리, 청상아리, 악상어, 뱀상어 등이 있다.

세번째로 난생 상어는 알껍데기에 의해 보호를 받는 알을 낳으며, 자라기 위한 영양 공급은 단지 노른자위에만 의존한다. 새끼는 2~15개월 후에 알에서 깨어나고 이들이 알에서 깨어나기까지의 기간은 종에 따라 혹은 물의 온도에 따라 차이가 있다. 딱딱하고 튼튼한 알껍데기는 '인어의 지갑'이라고 불리며 크기와 모양이 다양하다. 상어의 알은 가죽과 같은 단단한 알껍데기에 싸여 보호를 받지만 가끔 무척추동물, 포식 물고기, 다른 상어에게 잡아먹히기도 한다. 예를 들어 어떤 고둥 무리는 먹이를 소화하기 위한 키틴질의 이빨(치설, 齒舌)로 상어의 알껍데기에 구멍을 뚫어 내용물을 먹어치운다.

· 노른자위 주머니를 달고 있는 곱상어. 곱상어는 난태생 상어로 사진은 어미가 죽기 직전 어미 뱃속에서 부화되어 있던 것을 해부하여 꺼낸 것이다. 곱상어는 1~20마리의 새끼를 낳는다(사진제공 仲谷).

알의 모양은 나사송곳형과 덩굴형의 두 가지가 있다. 전자는 전반적으로 원뿔형의 알껍데기가 나선형을 이루고, 그 끝 부분은 가느다란 끈 모양으로 늘어져 있어 다른 물체에 고정시킬 수 있도록 되어 있는데, 이 끈이 2미터에 달하는 것도 있다. 나사송곳형의 알을 낳는 상어로는 삿징이상어와 괭이상어가 있다. 덩굴형의 알은 납작한 베개 모양으로 알껍데기의 모서리에 실 모양의 끈이 붙어 있는데 두툽상어를 비롯한 대부분의 상어가 이러한 모양의 알을 낳는다. 대개 이 끈은 소용돌이치듯 휘감긴 모양으로 생겨서 바다 속의 산호나 해조류 등의 각종 생물이나 무생물, 심지어는 인간이 만든 구조물에도 알을 고정시켜 알이 떠내려가는 것을 방지한다.

A 나사송곳형

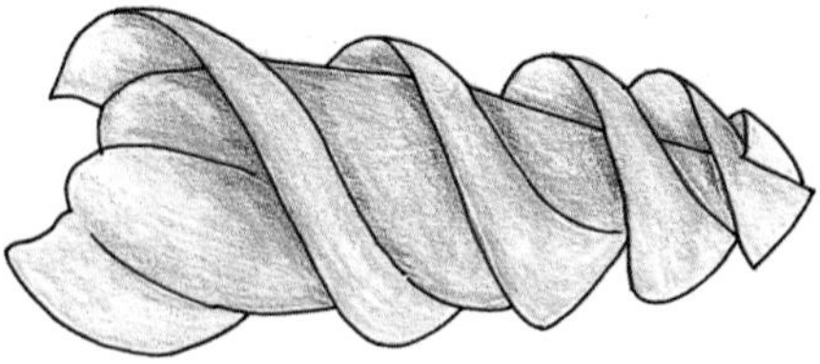

B 덩굴형

· 상어 알껍데기의 모양(A 나사송곳형, B 덩굴형).

**상어 알의 크기는?**

종에 따라 다르다. 작은 것은 두툽상어 무리의 알로 길이 4센티미터, 폭 2센티미터 정도이지만 1953년 멕시코만에서 발견된 고래상어의 알은 길이 30센티미터, 폭 14센티미터, 두께가 9센티미터나 되었다. 그러나 고래상어가 난생이 아닌 난태생이라고 주장하는 학자들이 있으며, 이들은 이 알이 어미가 조산한 것이라고 한다. 아무튼 고래상어가 난태생이라 하더라도 뱃속에 이 정도 크기의 알을 가지고 있는 것은 분명한 것이다.

· 알껍데기의 보호를 받으며 넓은 바다 속 세상에 나갈 날을 기다리고 있는 난생의 복상어(사진제공 Nakamura).

· 알껍데기를 뚫고 세상 밖으로 나오는 순간의 난생인 새끼 복상어(사진제공 Nakamura).

## 19. 세계에서 가장 큰 상어와 가장 작은 상어

상어는 태어나서 죽을 때까지 일생 동안 계속해서 자란다. 그러므로 가장 큰 상어를 발견하는 일은 상어의 수명을 알아내는 것과 같다. 어느 쪽이든 쉬운 일은 아니지만 몸집이 큰 상어의 최대 몸길이는 대부분 알려져 있다. 이 크기를 비교해 보면 놀라울 만큼 큰 차이가 있다. 콜롬비아 바다에 사는 세계에서 가장 작은 상어는 수컷이 몸길이가 16~17센티미터, 암컷이 19~20센티미터면 어미가 되고, 새끼는 6센티미터에 불과하다. 우리나라에 사는 상어 가운데 가장 작은 종류는 두톱상어로 어미의 몸길이가 50센티미터 이하이다. 반면에 세계에서 가장 큰 종류의 상어는 열대와 온대 지역의 물 표면 가까이 사는 온순한 고래상어다. 이 상어는 오래 전 멸종되어 화석으로 남아 있는 종과 비교해도 세계에서 가장 큰 물고기이다. 고래상어의 몸길이에 대한 믿을 만한 기록은 약 12미터지만 더 크면 15미터 이상 될 것으로 추정하고 있다. 이렇게 큰 상어는 무게를 알아내기가 어려운데, 몸길이 11.6미터인 고래상어의 무게가 약 12톤이라는 기록이 있다. 지구상에서 두번째로 큰 물고기도 상어로, 이것 역시 수면 가까이 사는 돌묵상어다. 고래상어와 돌묵상어는 모두 플랑크톤을 먹고 사는데 우리나라에서도 볼 수 있다. 돌묵상어를 실제로 재본 기록은 9.75미터이며, 10미터 이상 성장할 가능성이 있다. 가장 사나운 상어인 백상아리의 최대 몸길이에 대한 믿을 만한 기록은 약 6.4미터이다. 이상과 같이 지구상의 모든 상어는 20센티미터에서 20미터 사이인데, 이 가운데 약 80퍼센트는 어미 상어가 되었을 때 몸길이가 2미터 미만인 작은 상어들이다.

### 고래상어는 요나의 물고기인가

고래상어는 때때로 위를 뒤집어 입 밖으로 내놓는 일이 있는데, 이러한 경우는 거북이의 등과 같이 소화되지 않는 먹이를 먹었거나 무엇인가 스트레스가 원인인 것으로 생각된다. 『구약성서』의 "여호와께서 이미 큰 물고기를 예비하사 요나를 삼키게 하였으므로 요나가 삼일삼야(三日三夜)를 물고기 배에 있으니라"(요나 1장 17절)에서 요나를 삼킨 '큰물고기'는 12미터가 넘는 큰 몸과 순한 성격을 가지고 때때로 음식물을 토해 내는 바로 이 고래상어가 아닐까? (18세기 스웨덴의 박물학자 린네는 요나를 삼킨 물고기가 백상아리라고 하였으며 일반 사람들은 고래라고 생각한다. 그러나 고래는 물고기가 아닌 포유동물이다.)

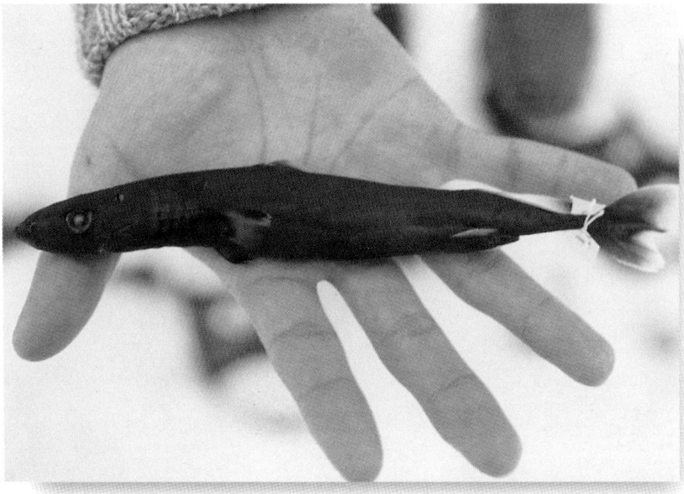

· 카리브해 연안의 수심 깊은 곳에서 사는 돔발상어과의 페리카라스 상어는 어미의 몸길이가 20센티미터에 불과하다(사진제공 仲谷).

고래상어를 실제로 잰 기록은 어미의 몸길이가 약 12미터 정도지만 일반적으로는 15미터 이상일 것으로 여겨진다. 이 상어는 성격이 온순하여 사람이 다가가도 관심을 보이지 않으며, 플랑크톤이나 작은 물고기를 먹고 산다(사진제공 Nicklin).

## 20. 상어와 고래가 싸우면 누가 이길까?

고래는 포유동물이고 상어는 물고기이다. 포유동물은 일반적으로 몸에 털이 있고 4개의 다리를 가지는데, 인간도 이 안에 속해 있다. 물론 인간은 앞다리 두 개를 팔이라고 부른다. 육지에 사는 포유동물과 달리 고래는 바다에 살면서 몸의 모양이 헤엄치기에 알맞게 바뀌었다. 앞다리는 지느러미로 변형되었고 뒷다리는 없어졌으며 몸에 털도 없다. 그래서 어떤 사람들은 고래를 상어와 같은 물고기라고 잘못 생각하기도 한다.

상어는 물고기이며, 물고기는 다음과 같은 세 가지 특징을 가지고 있다. 첫째로는 등뼈(척추)가 있고, 둘째는 아가미로 숨을 쉰다. 물론 인간을 포함한 포유동물은 허파로 숨을 쉬는데, 고래 역시 포유동물이므로 허파를 가지고 있다. 셋째로는 지느러미를 가지고 헤엄쳐 다닌다.

고래도 등뼈가 있고 지느러미로 헤엄쳐 다니지만 허파가 있고 아가미가 없다는 점에서 물고기와는 다르다. 또 물고기의 꼬리지느러미는 수직인 데 비해 고래의 꼬리지느러미는 수평으로 달려 있다. 따라서 상어는 좌우로 몸을 흔들며 물살을 가로지르며 헤엄치지만 고래는 상하로 몸을 흔들며 앞으로 나아간다. 상어가 바다에 나타난 것은 4억 년 전인 데 비해 고래가 바다에서 적응해서 산 기간은 5천만 년 정도로 상어에 비해 훨씬 나중에 나타났다.

지능 또한 사람과 같은 포유동물에 속하는 고래가 상어보다 비교가 되지 않을 만큼 높다. 그래서 상어를 훈련시킨다 해도 돌고래처럼 쇼를 하기란 불가능한 일일 것이다.

몸의 크기는 고래 가운데 가장 큰 긴수염고래가 30미터인 데 비해 상어 중 가장 큰 고래상어는 약 20미터가 채 안 된다. 즉 물고기 중 가장 큰 것이 고래상어이며, 모든 동물 가운데 가장 큰 것이 긴수염고래인 것이다.

그렇다면 고래와 상어가 싸우면 누가 이길까? 상어 가운데 가장 난폭한 것은 역시 백상아리이며 흔히 바다의 무법자라고도 한다. 그리고 고래 가운데 가장 사나운 것은 범고래로 어미의 몸길이는 약 7미터이며 보통 상어보다 더 강한 입을 가지고 있다. 범고래는 주로 물고기를 먹지만 같은 고래 중에서도 자신보다 더 큰 고래도 단숨에 제압할 수 있는 위력을 가지고 있다. 그래서 백상아리와 같이 사나운 상어는 아니지만 물에서 상어들을 공격하여 잡아먹기도 한다. 범고래는 약한 상어들을 잡아먹고, 백상아리는 약한 고래들을 잡아먹는다.

**가장 위험한 상어 2종**

상어는 언제든 바다 속에서 사람을 공격할 위험이 있는데 세계적으로 많은 희생자를 낸 가장 위험한 상어 2종을 꼽는다면 백상아리와 뱀상어이다.

범고래와 백상아리가 바다에서 만나는 경우는 알려지지 않았지만 백상아리가 바다에서 무조건 무적이라고 할 수는 없다. 단지 범고래와 달리 백상아리는 세계의 해안 가까이 살면서 사람들을 많이 공격하기 때문에 사람들에게 공포의 대상이 되고 있는 것이다.

상어는 밑에서 향해 오는 공격에 약점이 있고, 범고래와 백상아리가 힘에서 동등하다면 포악성에서 백상아리가 범고래를 능가할지도 모르지만 범고래의 지능이 백상아리의 난폭함을 제압하지 않을까 싶다.

그러나 상어는 백상아리 외에도 뱀상어, 청상아리, 흉상어 등 사나운 것들이 많고 전 세계의 바다에 많은 수가 살기 때문에 일반적으로 상어를 바다의 최강자 혹은 바다의 무법자라고 부르는 것 같다.

**철갑상어와 빨판상어는 상어가 아니다**

철갑상어와 빨판상어는 '상어'라는 이름이 들어가기 때문에 사람들은 물렁뼈를 가진 상어의 한 무리로 생각하지만 이것은 틀린 것이다. 철갑상어와 빨판상어는 상어와는 전혀 다르게 딱딱한 뼈를 가진 물고기이다. 쉽게 말해 철갑상어와 빨판상어는 분류학적으로 상어보다는 붕어나 잉어에 더 가깝다.

● 철갑상어 *Acipenser sinensis* Gray

몸에 판 모양의 단단한 비늘이 있다. 입은 아래쪽에 있고 양쪽 턱에는 이가 없다. 어미의 몸길이는 3미터에 달하고 회유성 물고기로서 알을 낳을 때는 큰 강에 나타난다. 체내수정을 하는 상어와 달리 체외수정을 하며 알(캐비아)은 미식가들이 즐겨 찾는 진미식품이다.

철갑상어.

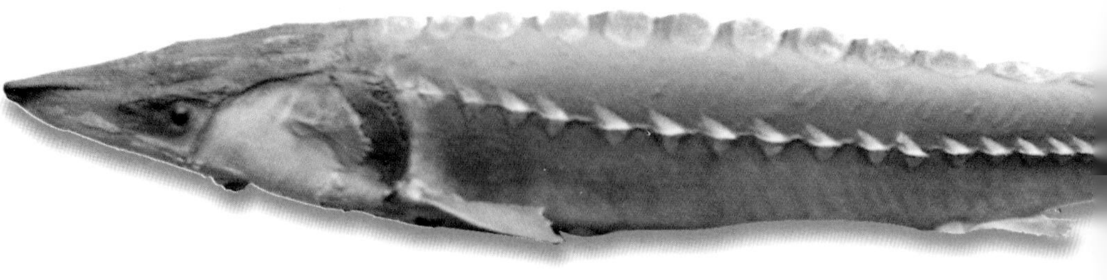

● 빨판상어 *Echeneis naucrates* Linnaeus

제1등지느러미가 타원형으로 변형되어 흡반처럼 되어 있다. 자기보다 큰 상어나 다른 물고기의 주둥이 아래에 머리의 흡반을 붙이고 따라다니면서 이들이 먹다가 흘린 찌꺼기를 받아 먹고 산다. 빨판상어는 자신이 붙어 있는 상어나 물고기가 그물에 잡히면 재빨리 떨어져 달아난다.

빨판상어.

## 21. 상어의 최대 적은 인간(?)

상어도 다른 상어의 습격을 받는다. 상어는 바다에서 최고 상위의 포식자로서 바다 생물을 잡아먹으며, 바다에서 상어를 공격하는 것은 상어밖에 없다. 큰 물고기나 고래의 위 속에 가끔 작은 상어가 들어 있는 경우도 있긴 하지만, 일반적으로는 큰 상어가 작은 상어를 먹고 작은 상어가 큰 상어를 물어뜯고, 상어가 상어를 덮치는 것이 보통이다. 만일 상어 자신이 그들의 최대 적이 아니라면, 그것은 인간일 것이다. 1980년대

들어 세계적으로 낚시 또는 고기와 가죽을 얻기 위한 어획으로 상어의 수가 줄어든 것으로 알려졌다. 상어의 성장은 느리며, 자라는 데 많은 기간을 필요로 하고, 더욱이 많은 종은 소수의 새끼만을 낳기 때문에 약간의 어획이라도 상어의 생존에 우리가 생각하는 것보다 훨씬 큰 타격을 줄 수 있다.

사람만큼 무서운 존재는 아니지만 기생충 또한 상어를 괴롭힌다. 흡충류, 갑각류에 속하는 기생충이 몸의 표면, 아가미, 입속, 콧구멍 등에 기생하거나 회충이 위와 장에 기생하기도 한다. 이들은 생명에 큰 영향을 미치지는 않지만, 많은 기생충이 대량으로 몸에서 양분을 빼앗으면 조직이 파괴되어 상어는 죽게 된다. 또한 상어에게서 간장병과 종양 등이 발견된 적도 있다. 그러나 상어에게서 종양이 발견되는 일은 드문 일인데, 이는 병에 걸린 약한 상어는 같은 무리에게 잡아먹혔기 때문일지도 모른다.

## 22. 상어 전문가가 되려면?

상어에 대한 어린이들의 질문 가운데는 너무나 기발한 것들이 많이 있다. "상어는 독이 있는 물고기도 먹는가?" "상어는 물 밖에서 얼마나 살 수 있을까?" 하는 것들이다. 급히 관련 기록을 찾아보았지만 선뜻 답해 줄 수 있는 내용을 찾기가 어려웠다. 하는 수 없이 3년 전 인연을 맺어 필자가 상어를 연구하는 데 많은 도움을 주고 있는 일본 북해도 대학의 나카야 박사에게 전화를 걸었다. 나카야 박사도 20여 년 상어를 연구했지만 즉석에서 정확히 답변하기는 어려운 문제라고 했다. 그리고 한바

탕 웃으면서 이러한 질문을 던진 어린이들에 대해 대견해 했다.

상어가 물 밖에서 견딜 수 있는 시간은 종마다 다를 것이다. 단지 필자의 경험으로 볼 때 까치상어는 약 1시간 정도는 물 밖에서 견디는 것으로 생각된다. 까치상어의 내부기관을 관찰하기 위해 수족관에서 상어를 꺼내 놓고 30분 이상 기다렸는데도 죽지 않아서 머리에 충격을 가해 죽인 후 내부를 관찰한 일이 있다. 이 외에 다른 상어에 대해서는 알 수가 없다. 물론 상어 낚시꾼이나 어부들은 알겠지만…….

또 상어가 독이 있는 물고기도 먹는지, 기타 필자가 풀지 못한 상어에 대한 의문은 장래에 필자보다 훌륭한 상어 연구자가 나오길 기대하며 우리 어린 독자들의 몫으로 남겨 두고 싶다.

상어 전문가가 되려면 어떤 과정을 거쳐야 할까? 먼저 학교에 다니며 동물학이나 해부학, 생태학, 분류학 등 기초학문을 충분히 공부해야 한다. 상어를 연구하기 위해서는 기초지식으로서 생물학이나 동물학 지식이 필요하다. 가능하면 대학에 진학하여 동물학 강의 등 여러 가지 동물학 실험을 하고 기본적인 동물의 형태, 해부학, 생리학, 생태학

**세계 상어 연구의 대가들**

컴파뇨(Leonard J.V. Compagno)
남아프리카공화국 사람으로 1984년 세계의 상어 350종에 대한 특징, 생태, 분포를 검색표와 함께 정리하였다. 세계 상어 연구의 1인자라고 할 수 있다.

라스트와 스티븐스(P.R Last and J.D. Stevens)
호주 사람으로 오스트레일리아 바다에 서식하는 상어와 가오리 무리들을 정리하였다.

클라임리와 에인리(A. Peter Klimley and David G. Ainley)
미국의 백상아리 생태연구에서 타의 추종을 불허하는 백상아리 연구학자들.

나카야(Kazuhiro Nakaya)
일본의 상어 전문가로서 특히 두툽상어과 상어류의 전문가이다.

우리나라에서는 필자와 함께 인하대학의 정충훈 박사가 연골어류 연구 분야에서 활동하고 있다.

등의 전문적인 지식을 얻는 것이 바람직하다. 대학의 수산학부, 해양학부에 들어가면 이러한 공부를 할 수 있다.

이러한 학부에 들어가면 수산동물학이나 어류학이란 강의가 있어서 상어에 대한 공부를 할 수 있다. 그러나 '상어학'이란 과목은 없으므로 자기 스스로 공부를 하고, 책을 보며 정보를 모아야 한다. 상어 연구를 본격적으로 깊이 있게 하고 싶은 사람은 다시 대학원에 진학하여 석사, 박사과정을 거쳐 전문적인 연구를 하는 것이 좋다. 상어 연구가 활발한 미국이나 호주에서 공부하는 것도 한 가지 방법이다. 우리나라에서 상어를 연구할 수 있는 기관은 대학교와 국립수산진흥원이 있으며 폭 넓은 분야에서 주제를 골라 연구하는 일이 가능하다.

• 세계의 상어 연구 학자들. 왼쪽부터 필자, 컴파뇨(남아프리카공화국), 라스트(호주), 나카야(일본).

# 2 우리나라의 상어

# "우리나라의 상어"

# 23. 위험한 상어들

## 1) 백상아리

· **학명** / *Carcharodon carcharias* (Linnaeus)

· **영명** / Great white shark

· **방언** / 물밑새아리

백상아리는 현재 남아 있는 백상아리 속(屬)의 유일한 종이다. 화석으로 발견된 것 가운데는 몸길이가 12미터 이상으로 추정되는 종류도 있다. 백상아리의 이빨은 비슷한 종인 청상아리나 악상어와 모양이 다른 삼각형이며, 가장자리가 톱니모양이다. 지금까지 보고된 백상아리의 최대 몸길이는 6미터를 약간 넘으며, 바다에서 우리가 만나는 가장 무서운 종류의 상어이다.

### ● 모양과 색깔

몸의 형태는 방추형이고 주둥이는 원추형이며, 꼬리지느러미 앞에 미병측부융기선이 있다. 이빨은 삼각형이고 가장자리는 톱니모양으로 되어 있다. 눈은 둥글고 순막이 없으며, 아가미구멍은 5개이다. 몸의 색깔은 등이 회색이고 배는 흰색을 띠며, 등과 배의 중간에 두 색깔이 뚜렷한 경계를 이룬다. 제1등지느러미는 크고 가슴지느러미 뒤끝의 위에서 시작되며, 제2등지느러미는 뒷지느러미 바로 앞에 있다. 가슴지느러미의 안쪽 끝이 검은 것도 있다. 꼬리지느러미는 초생달 모양으로 둥글게 파였다.

### ● 습성

백상아리는 최근 일본과 우리나라의 키조개를 잡는 잠수어민들을 공격하는데, 우리나라의 경우 서해안의 군산과 보령을 중심으로 5월과 6월에 집중적으로 사고가 일어나고 있다. 남아프리카공화국에서는 바다에서 수영하는 사람들을 보호하기 위해 쳐 놓은 그물에 1974년부터 1988년 사이에 591마리, 연간 22~61마리가 잡혔다. 이들 상어는 모두 다 자라지 않은 상태였는데, 물이 맑지 않는 겨울철에 많았고 수온이 19~22도일 때 전체의 63퍼센트가 잡혔다. 모든 상어는 스스로 적응할 수 있는 물의 온도가 있어서 이 물의 온도와 상어 공격의 관계에 대해서 많은 연구가 진행되고 있다. 가장 위험한 상어로 꼽히는 백상아리는 계절을 따라 이동하

**상어? 상아리?**

왜 백상아리나 청상아리는 상어라고 하지 않고 상아리라는 이름을 붙인 것일까? 이것은 한국어도보(1977)에 정문기 박사가 붙인 이름으로 백상아리, 청상아리만 이렇게 부르고 있다. 유독 이 두 종에 대해 상아리로 한 연유는 필자가 확인하지 못했다.

며, 물 표면의 온도에 영향을 받는 것으로 알려져 있다. 캐시와 프래트(Casey & Pratt)는 물의 표면 온도가 11~24도일 때 백상아리가 나타난다고 하였고, 이 가운데 약 75퍼센트는 15~22도에서 나타난다고 보고한 바 있다.

· 가장자리가 톱니모양인 백상아리의 이빨.

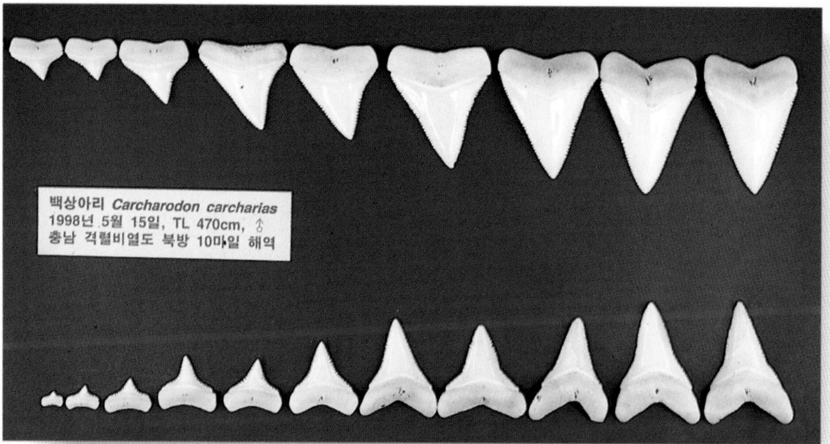


계절이나 몸의 크기에 따라 사는 곳의 차이는 없지만 암컷과 수컷이 서로 사는 곳이 다른 것으로 알려져 있다. 해역에 따라서도 나타나는 때나 크기가 다르며, 공통적인 것은 얕은 바다에 나타난다는 점이다.

백상아리의 행동에 관해서는 아직 분명치 않은 점이 많으나, 1979년 여름 미국의 동부 롱아일랜드 바다에서 몸길이 4.6미터의 백상아리에게 붙인 발신기를 통해 몸의 온도와 헤엄치는 물의 깊이에 관한 정보가 들어왔다. 발신기를 붙인 후 1.5일은 반경 3.5킬로미터 주변을 돌아다니고, 아침저녁으로 먹이를 먹거나 다른 곳으로 이동하였다. 몸의 온도는 다른 악상어과(科)의 상어와 마찬가지로 주위를 둘러싼 물의 온도보다 3.5도 높게 유지되고 있었으나 체온조절 기능은 없었다. 이들은 먹이를 깊이 25~450미터 사이에서 먹는 것으로 알려져 있다. 백상아리는 큰 먹이를 먹은 후 약 1개월 동안은 먹이를 먹지 않을 가능성도 있다. 어떤 학자들은 약 3개월 동안 먹이를 먹지 않고 살 수 있을 정도로 에너지를 효율적으로 사용하는 것 같다고 말하기도 한다. 그러나 먹이는 살고 있는 바다의 생물 분포나 커 가는 단계에 따라서도 달라진다. 몸길이 2.5미터 미만의 어린 백상아리는 작은 물고기와 갑각류를, 3.5미터 이상의 어미는 바다 포유동물과 큰 물고기를 주로 먹는 것으로 알려져 있다.

그러면 백상아리가 먹이를 덮칠 때 어떠한 입 모양으로 공격을

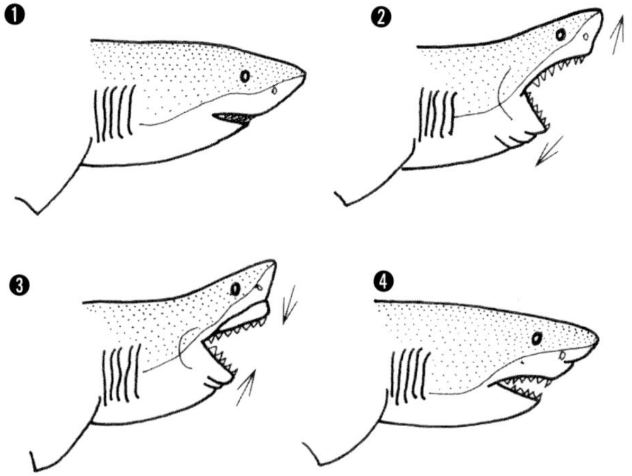


· 백상아리가 먹이를 먹을 때 입 동작의 순서(그림 인용 Tricas, 1984).

할까? 호주에서 백상아리가 먹이를 먹는 장면을 촬영한 결과 1회 공격하는 데 다음과 같은 단계의 과정이 밝혀졌다.

첫 단계는 주둥이를 들어 올린다. 다음에 아래턱을 내린다. 이후 위턱을 밀어내고, 이빨을 내민다. 다시 아래턱을 위로 움직여 입을 닫아 먹이를 문다. 마지막으로 주둥이를 내려 머리를 본래의 상태로 한다. 이러한 일련의 동작은 1초 이내에 완결된다. 먹이를 무는 순간에는 몸부림 치는 먹이로부터 눈을 보호하기 위해 눈알을 뒤로 돌리기 때문에 먹이를 볼 수 없다. 또 먹이를 덮치기 바로 전의 순간에도 주둥이 아래쪽에 있는 먹이가 보이지 않기 때문에 이때는 입 앞에 위치한 로렌치니기관에 의해 먹이의 위치를 확인하는 것으로 생각된다.

백상아리는 한번 먹이를 물었다가 입에서 내뱉는 경우가 많다. 일단 사람이나 바다 포유동물의 팔다리를 물었다가 잠시 떨어져 그 동물이 과다출혈로 죽는 것을 기다리는 것이다. 어떤 연구자에 의하면 한번 물었다가 뱉는 공격 방법은 백상아리가 잘 사용하는 방법이며, 고통으로 몸부림 치는 먹이로부터 상처를 입을 위험성이 있으므로 기다리는 것이라고 한다. 힘이 센 바다코끼리라면 자신보다 동작이 느린 백상아리에게 발톱으로 큰 상처를 입힐 수 있다. 그러나 한번 물린 바다코끼리는 잠시 후 피가 빠져나가 쇠약해져서 백상아리가 두번째 공격을 시도할 때에는 이미 방어를 할 수 없는 상태가 된다.

학자들 중에는 백상아리가 사람을 공격하는 것은 사람을 다른 바다생물로 오인하기 때문이라고 생각하는 사람이 있다. 밝은 하늘을 배경으로 바다 속에서 위쪽을 보면, 검은 잠수복을 입은 사람은 백상아리가 좋아하는 바다표범의 검은 그림자와 비슷하게 보일 수도 있다.

백상아리가 해수욕장에 일부러 사람을 공격하러 올 일은 거의 없다고 생각되나 한번 사람의 맛을 안 상어가 다시 사람을 공격할 가능성은 있다. 그러나 다행히 아직까지 백상아리의 위 내용물에서 사람의 몸이 발견된 기록은 없다.

백상아리가 보트를 공격하는 것은 어떤 이유일까? 그 이유는 분명하지 않으나 상어의 로렌치니기관의 자력선 감각과 관계가 있는지 모른다. 즉 배에 장착된 스크루 등의 금속이 여러 가지 자장을 바다 속에 만들어 내며, 이것이 상어의 먹이들로부터 나오는 자장과 같을 가능성이 있다. 바다 속에서 다이버가 몸을 보호하기 위해서 철로 만든 우리 안에 들어가 먹이로 백상

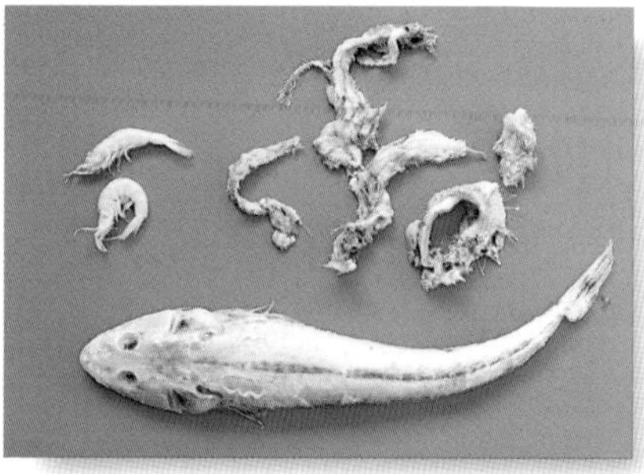

· 새끼 백상아리의 먹이. 갓 태어난 것으로 보이는 몸길이 1.34미터의 새끼 백상아리의 위 속에서 나온 양태와 새우류.

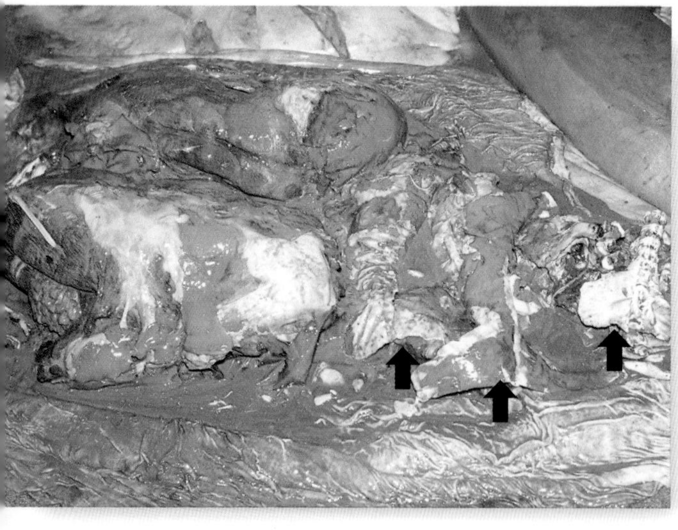

· 어청도 바다에서 잡힌 몸길이 4.3미터의 백상아리 위 속에 들어있는 쇠물돼지. 화살표는 쇠물돼지의 꼬리 부분.

아리를 유인하면, 처음에는 분명히 먹이를 향해 다가오지만, 물을 때는 먹이는 놔두고 우리를 무는 경우가 많다. 이러한 것도 같은 이치가 아닐지.

## ● 먹 이

어미 백상아리의 먹이는 바다사자, 고래 등 주로 바다에 사는 포유동물로 알려져 있으며, 필자는 1998년에 서해안에서 잡힌 2마리의 백상아리를 해부하여 위 내용물을 확인하였다. 격렬비열도에서 잡힌 몸길이 4.7미터의 것에서는 돌고래 종류인 쇠물돼지(일명 상괭이) 2마리, 어청도 바다에서 잡힌 몸길이 4.3미터의 백상아리 위에서도 역시 쇠물돼지 3마리가 들어 있었고, 먹이의 몸길이는 약 50~80센티미터였다.

1996년 전라북도 연도 바다에서 잡힌 몸길이 3.5미터의 백상아리 위 속에도 쇠물돼지 3마리가 들어 있었던 사실을 보면 서해안에 나타나는 백상아리의 주요 먹이는 쇠물돼지라는 것을 알 수 있고, 연안 가까이 나타나 잠수어민들을 공격하는 것은 서해안에 많이 살

쇠물돼지(전북대학교 생물학과 표본실).

**쇠물돼지**

***Neophocaena phocaenoides*** **Cuvier, 1808**

쇠물돼지는 고래목(Order Cetacea)에 속하는 돌고래의 일종이다. 보통의 참돌고래는 주둥이가 새의 부리처럼 뾰족하지만 쇠물돼지는 주둥이가 뭉툭하고 이마가 튀어나와 있다. 조선시대 허준의 『동의보감』, 정약전의 『자산어보』에 쇠물돼지에 대한 기록이 있으나 아직까지 우리나라에서 체계적인 연구는 거의 없었고, 『한국동식물도감』 7권 포유류 편(1967)에 '쇠물돼지' 라는 이름으로 간단히 기록되어 있을 뿐이다. 군산이나 부안, 보령 등 육지에 가까운 연안에서 자주 발견되며 어민들에게는 '상괭이' 혹은 '물아치' 라고 불리는 잘 알려진 동물이다. 쇠물돼지는 최근 서해안 백상아리의 중요한 먹이로 밝혀져 이와 관련해 관심 있는 연구가 요구되고 있다.

고 있는 쇠물돼지와 밀접한 관계가 있는 것 같다. 어미가 바다 포유동물을 주로 먹는 것과는 달리 어린 새끼는 작은 물고기를 주로 먹는데 1998년 5월 서해안의 외연도에서 잡힌 갓 태어난 새끼의 위 속에서 나온 먹이는 양태와 새우류였다.

### ● 번 식

난태생이며 새끼 수는 3~14마리이다. 물위에서도 발견되며, 깊이 1,280미터에서 발견된 예도 있다. 자궁 속의 알은 먼저 부화한 새끼에 의해 잡아먹히기도 한다.

번식에 대해서는 1980년 이후부터 자료가 모아지기 시작하였으며, 일본에서 6건, 호주와 뉴질랜드에서 4건의 임신한 어미에 대한 정보가 알려졌고, 새끼 수는 3~14마리였다.

일본에서 조사된 새끼의 몸길이는 1.0~1.51미터로, 지금까지 잡힌 어린 백상아리의 몸길이가 1.1~1.4미터인 것을 감안하면 새끼의 출산이 가까운 때였던 것 같다. 일본에서는 오키나와 이북의 남일본 연안에 설치한 그물에 의해 2~5월 사이 새끼를 밴 어미가 잡히고 있지만 그 수는 수컷에 비해 매우 적은 숫자여서, 임신한 백상아리는 먹이를 먹지 않을지도 모른다는 추측을 하게 만든다.

남일본 연안에서 봄에 새끼를 가진 어미가 나타나는 것은 태어나는 새끼들이 먹을 물고기들이 풍부하기 때문인 것 같다. 새끼를 배고 있던 백상아리 어미의 몸길이는 4.7~5.5미터였다. 한편 수컷의 경우 남아프리카에서는 최소 3.04미터, 미국의 동부 대서양에서는 4.26미터면 어미가 되는 것으로 보고되었다. 살고 있는 지역에 따라 차이를 보이지만, 백상아리는 일반적으로 몸길이 약 3.5미터면 어미가 되는 것으로 생각되며, 어미가 되는 크기는 암컷이 수컷보다 크다.

1998년 우리나라 서해안의 격렬비열도와 어청도, 덕적도, 외연도 바다에서 잡힌 4마리의 백상아리는 몸길이 4.7미터와 4.9미터의 수컷, 4.3미터의 암컷 그리고 1.35미터의 수컷 새끼였다. 특히 백상아리 새끼가 태어났을 때의 크기가 약 1.1~1.4미터인 것을 감안하면 이러한 어린 새끼는 우리나라 서해 중부 연안이 백상아리의 출산 장소일 가능성을 시사해 준다.

### ● 수 명

백상아리의 나이는 등뼈의 단면(추체)에 나타나는 원모양의 나이테에 의해 추정된다. 캘리포니아에서 관찰된 바에 따르면 막 태어난 새끼는 나이테가 없고, 몸길이 2미터의 경우는 2개, 4미터는 9개, 5미터는 13~15개의 나이테가 만들어져 있었다. 즉 나이테가 1년에 하나씩 만들어진다고 보면 잘 자란 백상아리는 연간 25~30센티미터의 성장률을 보이고, 10세를 넘으면 성장률이 20센티미터 전후로 떨어진다는 것을 나타낸다. 또 수명은 15년 이상으로 생각되며, 위의 상황으로 볼 때 수컷은 7~8세에 암컷은 13~14세에 어미가 되는 것으로 보인다. 수명을 20년으로 보고 암컷이 매년 8마리의 새끼를 낳는다 하여도 일생 동안 낳을 수 있는 새끼의 수는 약 50마리에 불과하다.

## ● 출현 시기

백상아리는 우리나라 전체 바다에서 발견되는데, 현재까지 나타나는 시기는 서해안에서는 5월과 6월에 집중되어 있으며, 특히 5월 중 · 하순에 많이 나타난다. 동해안에서는 1997년 8월 강원도 양양에서 잡힌 적이 있다. 일반적으로 백상아리가 나타날 가능성이 가장 높은 물의 온도는 15~22도로 알려져 있지만, 각 해역마다 차이가 있으며 캘리포니아에서는 수온이 11도에서 14~15도로 올라가는 시기에 가장 많이 나타나고 있다. 이것은 우리나라의 서해안에서 5월에 백상아리가 나타나는 수온과도 일치한다.

• 1998년 5월 서해안 외연도 바다에서 잡힌 태어난 지 얼마 안된 새끼 백상아리(몸길이 1.34미터).

## ● 백상아리는 보호해야 할 생물

사람을 공격하는 많은 상어 가운데 가장 유명한 것은 역시 백상아리이다. 그러나 백상아리가 사람을 공격할 위험성보다는 그들이 사람에 의해 잡힐 위험성이 더 높다. 호주에서 매년 10~20마리가 죽는 것을 비롯하여 세계적으로는 훨씬 많은 백상아리가 잡히고 있고, 우리나라의 경우도 필자가 최근 3년 동안 확인한 것만 해도 새끼를 포함하여 모두 7마리가 고기잡이 그물에 걸려 죽었으며, 앞으로도 이들이 그물에 걸려 든다면 그냥 살려 두는 일은 없을 것이다.

이들은 어미가 되는 데 오래 걸리고 적은 수의 새끼만을 낳기 때문에 이러한 추세로 상어를 잡는다면 그리 멀지 않은 장래에 백상아리는 멸종될 수도 있다. 식인호랑이로 불리던 호랑이가 우리나라에서 사라진 지 오래됐고 세계적으로도 그 수가 줄고 있어서 보호를 받아야 할 지금, 다음에는 멸종 위기에 처한 백상아리를 구해야 한다면 인간은 얼마나 어리석은 존재인가? 백상아리와 몇몇 상어는 확실히 난폭해서 사람에게 위험한 존재이기 때문에 이들이 있는 곳에서는 주의를 해야 하지만, 이들을 불길한 존재, 사람에게 해만 끼치는 흉포한 괴물처럼 받아들이는 것은 옳지 않다.

1997년 8월 강원도 양양에서 잡힌 백상아리(사진제공 강원도 양양군청 수산과 양형모 계장).

## ● 길 이

태어날 때 몸길이는 1.1~1.4미터, 어미의 가장 큰 몸길이는 6.4미터에 달한다.

## ● 분 포

대서양, 인도양, 태평양 등 세계의 양반구 온대 바다에 분포하며 먼 바다보다는 육지 가까운 바다에 많이 산다.

## 2) 청상아리

· **학명** / *Isurus oxyrinchus* Rafinesque

· **영명** / Shortfin mako

· **방언** / 청새아리

청상아리는 우아하게 생겼고, 힘을 겸비한 상어로 국외에서는 상어를 낚는 낚시꾼들에게 가장 인기가 많다. 또한 헤밍웨이의 『노인과 바다』에서 낚시에 걸린 고래를 뼈만 남기고 먹어치운 얄미운 상어로 등장해 유명해졌다.

### ● 모양과 색깔

등쪽은 남청색이고 배쪽은 순백색에 몸은 약간 날씬한 방추형이고 원추형의 뾰족한 주둥이, 칼날과 같은 날카로운 이빨, 초승달 모양의 꼬리지느러미 앞에는 뚜렷한 미병측부융기선이 있다. 제1등지느러미는 가슴지느러미 뒤에서 시작되며, 이빨은 길고 먹이를 잡기가 유리하도록 안쪽으로 휘어져 있으며 가장자리는 매끈하다. 눈은 둥글고 순막이 없는데 새까만 눈은 섬뜩한 느낌을 준다.

## ● 번식과 습성

난태생이며 새끼 수는 4~16마리이다. 온대와 열대 바다의 깊이 150미터 이내에서 산다. 물의 온도가 16도 이하인 바다에서는 거의 나타나지 않는 것으로 알려져 있고, 몸의 온도가 주위 물의 온도보다 높다. 낚시바늘에 걸렸을 때 6미터 정도는 물위로 점프하는 힘이 있으며, 상어 가운데 속도가 가장 빠르다. 배를 공격하기도 하는데, 특히 낚시바늘에 걸렸을 때 배 위로 튀어 들어와 갑판 위에서 날뛰면 사람들이 당황해서 바다 속으로 뛰어드는 경우도 있다. 큰 농어, 청어, 참치 등의 물고기와 오징어를 먹으며, 바다 포유동물은 그다지 즐겨 먹지 않는 것 같다.

· 청상아리(위)와 백상아리(아래)의 주둥이와 이빨. 백상아리의 이빨은 삼각형이고 가장자리가 톱니모양인 반면, 청상아리의 이빨은 가늘고 뾰족하게 휘어져 있으며 가장자리가 매끈해서 두 종이 잘 구분된다(사진제공 군산해경 지재훈 경위).

## ● 우리나라에서는 주의해야 할 상어

세계의 상어 전문가들은 청상아리가 위험한 종이긴 하지만 먼 바다에 살기 때문에 사람이 이들의 습격을 받는 경우는 흔치 않다고 한다. 그러나 필자의 조사 결과 1996년 5~7월 사이에 전라북도 어청도 바다에서 고기잡이배에 잡힌 청상아리 5마리가 확인되어, 서해안 잠수어민들에게는 백상아리와 함께 주의해야 할 상어로 생각된다. 여름철 제주도 연안에서도 고기잡이배에 많이 잡히고 있고, 이때 조사한 청상아리의 몸길이는 1~2미터였다. 고기는 맛이 좋아 식용으로 쓰이며, 외국에서 상어고기를 좋아하는 사람들은 가장 맛있는 상어로 꼽기도 한다. 우리나라에서도 청상아리는 식용으로 팔리는데 값은 그렇게 비싸지 않다.

## ● 길이

태어날 때 몸길이는 약 65센티미터이고, 어미의 가장 큰 몸길이는 4미터에 달한다.

## ● 분포

대서양, 인도양 태평양의 온대와 열대 바다에 산다. 백상아리가 연안에 주로 사는 반면, 청상아리는 연안과 먼 바다에서 살고 있다.

## 3) 악상어

· **학명** / *Lamna ditropis* Hubbs & Follett

· **영명** / Salmon shark

### ● 모양과 색깔

몸은 육중한 방추형이고 주둥이는 짧고 뾰족하다. 눈에서 가장 앞쪽 아가미구멍까지의 거리는 주둥이 길이의 약 2.7배이다. 특징은 2개의 미병측부융기선을 가지고 있다. 꼬리지느러미 앞에 뚜렷하게 튀어나온 선이 있고 그 아래에 또 하나 작게 튀어나온 선이 있다. 등은 회청색이고 배는 흰색이다.

### ● 번식과 습성

난태생이며, 새끼 수는 약 4마리이다. 단독으로 헤엄쳐 다니거나 혹은 몇 마리가 모여서 다니기도 한다. 빠르게 헤엄치며, 주변 물의 온도보다 높은 몸의 온도를 유지한다. 성질이 난폭하

· 사진제공 仲谷

지만 깊은 곳에 주로 살기 때문에 우리나라에서 잠수부들이 만날 가능성은 희박하다.

### ● 길 이

태어날 때 크기는 확실하지 않고, 1.8~2.4미터면 어미가 된다. 어미의 가장 큰 몸길이는 약 3미터에 달한다.

### ● 분 포

우리나라와 일본, 멕시코, 캘리포니아, 베링해 등 북태평양의 온대와 한대 지역에 분포한다.

## 4) 홍살귀상어

· **학명** / *Sphyrna lewini* (Griffith & Smith)

· **영명** / Scalloped hammerhead

### ● 모양과 색깔

몸은 방추형이며 약간 가는 편이다. 미기상각이 V자 모양으로 뚜렷하게 나 있다. 머리 부분이 양옆으로 크게 튀어나온 망치 모양이며, 그 가장자리의 가운데 오목한 홈이 있어서 귀상어와 구별된다. 이빨은 비교적 작고 그 가장자리는 매끈하지만 미세한 톱니모양을 한 것도 있다. 위턱의 이빨은 좁은 삼각형이며, 아래턱의 이빨은 위턱의 것에 비해 좀더 가늘고 곧게 서 있다. 제1등지느러미는 가슴지느러미보다 뒤에서 시작된다. 제2등지느러미는 뒷지느러미 중앙의 위쪽에서 시작된다. 등은 청동색 혹은 밝은 회갈색이며 배는 연한 색이다. 새끼의 가슴지느러미, 꼬리지느러미 아래쪽, 제2등지느러미 끝은 어두운 색을 띤다.

## ● 번식과 습성

태생이며 새끼 수는 15~31마리이다. 해안의 물 표면 가까이 살면서 잘 돌아다니며 소규모 이동을 하고 무리를 이루기도 하는데, 이들이 무리를 짓는 원인은 아직 알려지지 않았다. 먹이는 각종 물고기와 상어 무리, 오징어, 갑각류 등 아주 다양하다. 사람을 공격한 예가 있어서 주의를 요하는 종이다.

## ● 귀상어와 모양이 비슷

필자는 1996년 7월 제주도에서 잡힌 몸길이 55센티미터의 이 상어를 조사하면서 머리 중앙에 홈이 있고, 제2등지느러미 끝이 꼬리지느러미 앞까지 늘어진다는 점에서 기존의 귀상어(*Sphyrna zygaena*)와는 구분되는 다른 종(*Sphyrna lewini*)임을 확인하였다. 따라서 이를 한국미기록종으로 보고하였고, 우리나라 이름은 국립수산진흥원(1996)의 태평양산 원양어류(인도네시아편)에 따라 '홍살귀상어'로 붙였다.

## ● 길이

태어날 때 크기는 42~55센티미터, 어미의 가장 큰 몸길이는 적어도 3.5미터 이상이다. 수컷은 1.4~1.6미터, 암컷은 2미터면 어미가 된다.

## ● 분포

대서양, 인도양, 태평양 등 온대와 열대 지방의 육지 가까운 바다에 산다.

## 5) 귀상어

· **학명 / *Sphyrna zygaena* (Linnaeus)**

· **영명 / Smooth hammerhead**

· **방언 / 양지, 양상어**

### ● 모 양 과  색 깔

몸은 방추형이며 약간 가는 편이다. 미기상각이 V자 모양으로 잘 발달되어 있다. 머리 부분이 양옆으로 퍼진 망치 모양이며, 머리의 가운데는 오목한 홈이 없이 밋밋하다. 이빨은 삼각형으로 비교적 작고, 가장자리가 가는 톱니모양이지만 매끈한 것도 있다. 제1등지느러미는 가슴지느러미 뒷부분의 위에서 시작된다. 제2등지느러미는 뒷지느러미 중간에서 시작된다.

등쪽은 어두운 회갈색, 배는 흰색이다.

### ● 번식과 습성

태생이며 새끼 수는 20~50마리, 임신기간은 약 10~11개월이다. 활발하게 움직이며 해안의 물 표면 가까이 사는 상어이며, 대륙붕이나 내만에 자주 나타난다. 먹이는 물고기와 다른 상어무리, 오징어, 갑각류 등 다양하다. 사람을 공격하기 때문에 조심해야 한다.

### ● 길이

태어날 때 크기는 50~60센티미터이고, 어미의 가장 큰 몸길이는 3.5미터에 달한다.

### ● 분포

대서양, 인도양, 태평양 등 열대와 온대 지역의 육지 가까운 바다에 살고 있다.

## 6) 무태상어

· **학명** / *Carcharhinus brachyurus* (Günther)

· **영명** / Copper shark

### ● 모양과 색깔

몸이 크고 방추형이며, 주둥이는 길고 둥글다. 입술주름은 아주 작거나 불분명하다. 위턱의 이빨은 좁은 삼각형이고 가는 톱니모양이다. 제1등지느러미는 가슴지느러미 뒤끝의 위에서 시작되고, 제1등지느러미와 제2등지느러미 사이에 튀어나온 선이 없다. 등은 청동색이지만 죽은 후에는 회색을 띤다. 배는 크림색이며, 배지느러미 위에서 몸의 앞쪽으로 어두운 색깔의 띠가 있다.

### ● 번식과 습성

태생이며 새끼 수는 13~20마리이다. 깊이가 100미터 정도의 가까운 바다나 내만에서 주로 살며, 물고기와 상어 무리, 홍어 무리를 먹는다. 군산과 여수 등 우리나라 서해와 남해에 비교적 흔한 종이며, 고기는 식용으로 이용된다. 수영하는 사람이나 다이버를 공격하는 위험한 종이다.

## ● 길 이

태어날 때 크기는 60~70센티미터이고, 약 2.95미터까지 자란다. 수컷은 2.35미터, 암컷은 2.45미터면 어미가 된다.

## ● 분 포

대서양, 인도양, 태평양 등 온대 지역의 연안에 산다.

## 7) 흉상어

· **학명** / *Carcharhinus plumbeus* (Nardo)

· **영명** / Sandbar shark

### ● 모양과 색깔

중간 크기의 상어로 몸은 방추형이며 주둥이는 짧고 둥글다. 가슴지느러미는 큰 삼각형을 이루고, 제1등지느러미는 다른 흉상어과 무리에 비해 앞에 위치한다. 제1등지느러미와 제2등지느러미 사이에 융기선이 있다. 이빨은 삼각형이고 가장자리는 톱니 모양이다. 등은 회갈색, 배는 흰색이며 각 지느러미의 끝부분은 어두운 색을 나타내기도 하지만 뚜렷하게 검은 색을 띠지는 않는다.

### ● 번식과 습성

태생이며, 새끼 수는 1~14마리이다. 육지에서 가까운 바다나 내만의 물 표면과 가까운 곳에 주로 살며, 사람을 공격하는 위험한 종이다. 해역에 따라 차이가 있지만 대개 20~30도의 수온범위에서 산다. 바닥에 사는 작은 물고기와 연체류, 갑각류를 주로 먹는다.

● **덧붙이는 말**

흉상어는 우리나라에서 모리(Mori, 1952)에 의해 카르카르히누스 자포니쿠스(*Carcharhinus japonicus*)라는 학명으로 처음 보고되었으며, 정(1977)은 이것을 카르카르히누스 강제티쿠스(*Carcharhinus gangeticus*)와 같은 종으로 생각했다. 그러나 필자가 면밀히 검토한 결과 정(1977)의 카르카르히누스 강제티쿠스는 (한국어도보 Pl. 10, 1~3) 형태적으로 무태상어임이 명백하였고, 또한 학명 카르카르히누스 강제티쿠스는 현재 세계적으로 사용되지 않고 있으며 대신 카르카르히누스 플럼베우스(*Carcharhinus plumbeus*)가 사용되고 있다(Garrick, 1982; Compagno, 1984).

● **길이**

태어날 때 크기는 56~75센티미터이고, 약 3미터까지 자란다. 수컷은 1.3~1.8미터, 암컷은 1.45~1.85미터면 어미가 된다.

● **분포**

인도양, 대서양, 태평양 등 온대와 열대 지역의 육지 가까운 바다에 산다.

## 8) 뱀상어

· **학명** / *Galeocerdo cuvier* (Péron & Lesueur)

· **영명** / Tiger shark

### ● 모양과 색깔

몸이 길고 머리가 크며 상하로 납작한 편이다. 주둥이는 뭉툭하고 눈 뒤에는 큰 분수공이 있다. 입이 크고, 윗입술주름은 눈 아래까지 닿을 만큼 길게 발달되어 있다. 양턱에는 한쪽으로 심하게 휘어진 이빨이 있고, 그 가장자리는 거친 톱니모양을 이루고 있다. 제1등지느러미는 가슴지느러미 뒤끝의 안쪽에서 시작되고, 그 중심 부분은 배지느러미보다 가슴지느러미에 더 가깝다. 제2등지느러미의 크기는 제1등지느러미보다 훨씬 작고, 뒷지느러미보다 조금 앞에서 시작된다. 뒷지느러미의 크기는 제2등지느러미와 거의 같고, 뒤쪽 가장자리가 깊게 파여 있다. 꼬리지느러미 앞에 미병측부융기선이 발달되어 있고, 꼬리지느러미의

상엽은 가늘며 그 끝이 매우 뾰족하다.

몸은 어두운 회갈색이고, 담갈색의 어두운 가로무늬 띠가 있지만 성장하면서 희미해진다. 몸에 호랑이와 같은 무늬가 있기 때

문에 호랑이상어라 부르기도 한다.

### ● 번식과 습성

난태생이며 새끼 수는 10~82마리, 임신기간은 12~13개월이다. 열대 지역에서는 가장 위험한 상어로 알려져 있고 게, 오징어, 물고기, 상어나 홍어 무리, 바다거북, 바다 포유동물은 물론 바다에 떠 있는 깡통, 비닐, 마대 등 무엇이든 먹어치운다. 위 속에서 말의 머리나 사람이 다리가 나온 것으로 보아 해안 가까이 얕은 바다에도 자주 나타나는 것으로 생각된다. 그러나 뱀상어가 이러한 먹이를 언제나 먹는 것은 아니며 일반적인 먹이는 바닥에 사는 물고기와 기타 무척추동물이다.

야행성으로 밤에 먹이를 찾아 얕은 바다로 나오고 낮에는 깊은 곳에 머물러 있으며, 평소에는 느린 것처럼 보이지만 먹이를 공격할 때는 민첩하게 행동한다. 백상아리와 더불어 가장 위험한 상어로 뱀상어의 공격을 받았을 때의 사망률이 백상아리보다 높은 것으로 알려져 있다.

### ● 호랑이와 같은 줄무늬

뱀상어는 영어로 '타이거 샤크(Tiger shark)'라고 부를 만큼 크고 사나운 포식자다. 이 이름은 몸에 나타나는 줄무늬가 호랑이와 같아서 지어졌지만, 아주 큰 뱀상어는 이러한 무늬가 불분명하다. 등뼈의 나이테를 보면 몸길이가 3.8미터인 수컷과 암컷의 나이는 각각 15세와 16세로 보고된 예가 있다. 나이와 몸길이의 관계로 추정해 볼 때, 4.5미터의 뱀상어는 25세는 될 것이고,

이론적으로 수명은 50년 정도로 추정된다. 서인도제도에서는 고기와 가죽을 얻기 위해 주로 뱀상어를 잡는데, 고기는 날것으로 이용되기도 하고 이빨은 목걸이 등의 장신구로 쓰인다.

### ● 길 이

태어날 때 크기는 51~76센티미터이고, 어미의 가장 큰 몸길이는 약 6미터에 달한다. 수컷은 2.26~2.9미터, 암컷은 2.5~3.5미터면 어미가 된다.

### ● 분 포

대서양, 인도양, 태평양의 온대와 열대 해역에 산다.

## 9) 청새리상어

· **학명** / *Prionace glauca* (Linnaeus)

· **영명** / Blue shark

### ● 모양과 색깔

몸은 비교적 날씬하고 길다. 주둥이가 길고 등이나 배에서 볼 때 좁은 포물선 모양이다. 입에서 주둥이 끝까지의 거리는 입의 폭보다 길다. 눈은 둥글고 비교적 크며 순막이 잘 발달되어 있다. 입술주름이 있지만 매우 짧고, 아랫입술주름이 위의 것보다 약간 길다. 이빨은 가느다란 삼각형으로 끝이 뾰족하고 아래부분

이 갈라지지 않았으며, 가장자리는 가는 톱니모양이다. 그러나 어린 새끼의 이빨은 톱니모양이 불분명하다. 등지느러미 사이의 등 중앙에 융기선이 없다. 꼬리지느러미 앞에 미병측부융기선은 흔적적으로 나타난다. 가슴지느러미가 길고 낫과 같은 형태이다. 등은 짙은 청색, 배는 흰색이다.

### ● 번식과 습성

태생이며 새끼 수는 4~135마리, 임신기간은 9~12개월이다.

바다의 가장 먼 거리를 이동하는 청새리상어(사진제공 Nakamura).

새파에 길다란 돌기물들이 있어서 작은 먹이가 아가미를 통해 빠져나가는 것을 방지한다. 때때로 가슴지느러미를 옆으로 편 채, 등지느러미와 꼬리지느러미 끝을 물위로 내놓고 천천히 헤엄치기도 한다. 그러나 먹이를 쫓을 때는 빠른 속도로 움직이고, 낚시바늘에 걸렸을 때는 수면 위로 튀어 오르기도 한다. 발신기를 붙여 그 행동을 연구하고 있는데, 물위뿐만 아니라 물 속 500미터까지 내려가는 것으로 밝혀졌다. 암컷에게서 가끔 이빨자국이 발견되는데 이것은 짝짓기 할 때 수컷한테 물린 것으로 보이고, 그래서 암컷의 피부가 수컷보다 두껍다. 육지와 가까운 바다에서는 농어 등의 물고기를 먹고, 먼 바다에서는 오징어를 주로 먹는다.

청새리상어는 특히 오징어떼를 잘 덮치는데 여기에는 몇 가지 방법이 있다. 하나는 오징어 무리 속에 들어가 머리와 꼬리를 좌우로 흔들어 많은 오징어를 걸러 먹는 방법이다. 그 외에 입을 크게 벌리고 무리 안으로 들어가거나, 무리의 아래쪽으로 내려가 수직으로 올라가는 방법을 취하기도 한다.

또 고래의 사체 주변에 떼를 지어 광란상태가 되어 고기를 물어뜯는 장면도 목격되었다. 사람이나 보트를 공격한 예가 있는 위험한 상어이고, 낮보다 밤에 더 많이 움직인다.

## ● 가장 먼 거리를 이동하는 상어

청새리상어는 온대와 열대 지역의 바다를 광범위하게 이동하는 상어로 유명하다. 뉴욕에서 표시가 된 청새리상어가 16개월 후에 5,984킬로미터 떨어진 브라질에서 잡힌 일이 있다. 청새리상어가 적도를 가로질러 이동한다는 것이 처음으로 밝혀진 것이다.

또 뉴욕에서 표시가 된 청새리상어가 대서양을 횡단하여 아프리카의 라이베리아 해안까지 5,828킬로미터를 이동한 예도 있다.

청새리상어의 영어 이름은 '블루 샤크(blue shark)'로 우리말로 하면 '청상어'가 되는데, 우리나라에서 대부분의 어부들이 부르는 청상어는 악상어과에 속하는 청상아리이다. 날씬한 몸, 길고 뾰족한 주둥이, 긴 가슴지느러미, 물 속을 망연하게 바라보는 눈 등이 특징으로 다른 상어와는 쉽게 구분된다. 청새리상어의 수명은 확실치 않지만, 몸길이 2.7미터의 것이 약 20세 정도이기 때문에 크기가 더 큰 것의 수명은 그 이상일 것이다. 6월 무렵 군산과 보령 등지의 서해안에도 나타나고, 제주도 일대의 남해안에서 고기잡이배에 의해 자주 잡힌다.

## ● 길 이

태어날 때 크기는 40센티미터이고, 수컷은 1.8~2.8미터, 암컷은 1.7~2.2미터면 어미가 된다. 어미의 가장 큰 몸길이는 일부 기록에 6미터 이상으로 언급된 바 있지만, 일반적으로 3.8미터 정도인 것으로 알려져 있다.

## ● 분 포

온대와 열대 지역의 바다에 살며, 세계적으로 가장 넓은 서식범위를 가지고 있다.

# 24. 위험하지 않은 대형상어

## 1) 고래상어

· **학명** / *Rhincodon typus* (Smith)

· **영명** / Whale shark

고래상어는 현재 지구상의 물고기 중에서 몸이 가장 크지만 성격은 매우 온순하다. 실제로 재 본 가장 큰 몸길이는 12.1미터이며, 바다 속에서 눈으로 관찰된 것은 18미터 이상이라고도 한다. 플랑크톤, 새우, 작은 물고기를 물과 함께 여과해서 먹고 가끔 큰 먹이가 입으로 들어가는 수도 있다. 거대한 턱에

· 태어난 직후의 새끼 고래상어. 어미와 모습이 비슷하다(사진제공 仲谷).

밀집된 작은 이빨은 먹이를 먹는 것과는 상관이 없다. 먹이는 물과 함께 입으로 들어가 새파에서 걸러지고 물만이 아가미구멍을 통해 밖으로 나온다.

### ● 모양과 색깔

머리는 크고 약간 납작하며, 주둥이의 폭이 넓다. 입은 거의 주둥이 끝에 있고, 코에는 흔적적인 수염이 있다. 아가미구멍은 크고, 안쪽으로 여과막이 있다. 분수공의 크기는 눈의 크기와 비슷하며 눈에는 순막이 없다. 양턱에 약 300줄의 작은 이빨이 있다. 제1등지느러미는 제2등지느러미보다 훨씬 크다. 뒷지느러미는 제2등지느러미 아래에서 시작되고, 제2등지느러미와 뒷지느러미의 크기는 비슷하다. 꼬리지느러미 앞에 미병측부융기선이 잘 발달되어 있다. 등은 회색 또는 푸른색이거나 갈색이고, 배는 흰색이다. 몸 표면에 흰점과 연한 수직 줄무늬가 있다.

### ● 번식과 습성

번식 방법에 대해서는 아직 불명확하며, 지금까지 난생으로 알려져 왔으나 최근에는 난태생이라는 주장이 설득력을 얻고 있다. 1953년 멕시코 만에서 발견된 고래상어의 알껍데기는 길이 30센티미터, 폭 14센티미터였고, 새끼는 큰 입과 몸 모양이 어미와 비슷하였으며, 약간의 노른자위가 남아 있어서 태어난 후 다소의 시간이 지난 것으로 보였다. 알껍데기는 매우 얇았고 다른 난생 무리에서 볼 수 있는 줄 모양의 융기선도 없었다. 따라서 이들은 태어날 때까지 새끼를 뱃속에서 보호하는 난태생인 것으로 여겨지고, 바다에 일부의 알껍데기가 남아 있었던 것은 어미가 조산한 것으로 추측된다. 고래상어의 번식 방법에 대해서는 앞으로 더 많은 조사가 필요하다.

### ● 길 이

태어날 때 크기는 약 45센티미터이며, 어미의 가장 큰 몸길이는 12미터 이상이다.

### ● 분 포

온대와 열대 지역의 바다에 살며 연안에 접근하기도 하는데, 보통은 먼 바다에서 살고 단독으로 행동하거나 여러 마리가 무리를 이루기도 한다.

· 고래상어(사진제공 오키나와 기념 수족관).

## 2) 돌묵상어

- **학명 /** *Cetorhinus maximus* (Günnerus)
- **영명 /** Basking Shark
- **방언 /** 물치

고래상어 다음으로 큰 돌묵상어는 실제 잰 몸길이가 9미터 정도이지만, 가장 큰 것은 15미터는 될 것으로 추측된다. 이 상어는 '바다의 괴물' 이라고 불리는데, 바다에서 한 줄로 헤엄쳐 가거나 해안에 떠밀려 온 부패한 거대하고 흉측한 사체가 원인이 되어 지어진 것이다. 돌묵상어의 머리뼈는 몸의 크기에 비하면 아주 작아서, 썩어서 가슴지느러미가 빠진 사체는 일반인들이 도저히 상어라고 믿기 어려울 정도로 괴물과 같은 모습으로 변한다. 수년 전 뉴질랜드의 한 고기잡이배에 커다란 동물의 사체가 끌려 나와 새로운 '네스' 라고 소동이 벌어졌는데, 이것도

지느러미와 입 가장자리가 썩어 뭉그러진 돌묵상어로 밝혀졌다. 돌묵상어의 특징은 거대한 몸, 뾰족한 주둥이, 머리를 한 바퀴 감은 듯이 길다란 아가미구멍과 아주 작은 이빨 등이다.

## ● 모양과 색깔

몸은 방추형이고, 주둥이는 비교적 짧다. 꼬리지느러미 앞에는 뚜렷한 미병측부융기선이 있다. 양턱에는 작은 이빨들이 많이 있다. 제1등지느러미는 가슴지느러미 뒤에 위치하고, 제2등지느러미는 뒷지느러미보다 앞에서 시작된다. 제2등지느러미와 뒷지느러미의 크기는 제1등지느러미의 2 분의 1 이하이다. 돌묵상어는 겉보기에 백상아리와 비슷해 보이지만 아주 작은 이빨과 머리부터 배까지 이어지는 긴 아가미구멍 때문에 백상아리와 쉽게 구분된다. 등은 회갈색, 배는 연한 색을 띤다.

## ● 번식과 습성

번식 방법은 이제까지 알려지지 않았고 새끼를 낳을 때의 관찰 기록도 없다. 지금까지 잡힌 것 가운데 가장 작은 것이 몸길이 1.7미터인데 태어날 때 이 정도 크기라면 모든 상어의 새끼 가운데 가장 큰 것이다. 성장과 성숙은 대단히 느려 수컷이 어미가 되기까지는 적어도 12~16년 이상 걸리는 것으로 생각된다. 또 암컷의 임신기간은 약 3년 반이라는 이야기도 있는데, 이것이 사실이라면 척추동물 가운데 가장 긴 임신기간을 갖는 것이다.

일본, 중국, 영국에서는 이 상어를 잡기 위한 어업이 행해지며, 물위에서 천천히 헤엄치는 습성 때문에 쉽게 잡힌다. 돌묵상어는 입을 크게 벌린 채로 물위를 천천히 헤엄쳐서 먹이가 포함된 물을 여과하여 그 속의 작은 생물을 먹는다. 한 마리 혹은 두세 마리, 100여 마리의 돌묵상어가 무리를 지어 헤엄치는 것이 관찰되기도 한다. 돌묵상어의 영어 이름인 '바스킹 샤크(basking shark)'는 '햇빛 쬐는 상어'라는 의미이며, 이것은 등지느러미와 꼬리지느러미를 물위로 내놓고 떠다니는 습성 때문에 붙여진 것이다. 돌묵상어는 먼 거리를 이동하고, 정해진 계절에 일정한 장소에 나타났다가 사라지는데, 그 이후는 어디에서 어떻게 행동하는지 알려지지 않았다.

돌묵상어는 몸의 크기가 10미터에 달하지만 좁쌀과 같은 작은 이빨을 가지고 있으며 이것은 먹이를 먹는 것과는 관계가 없다

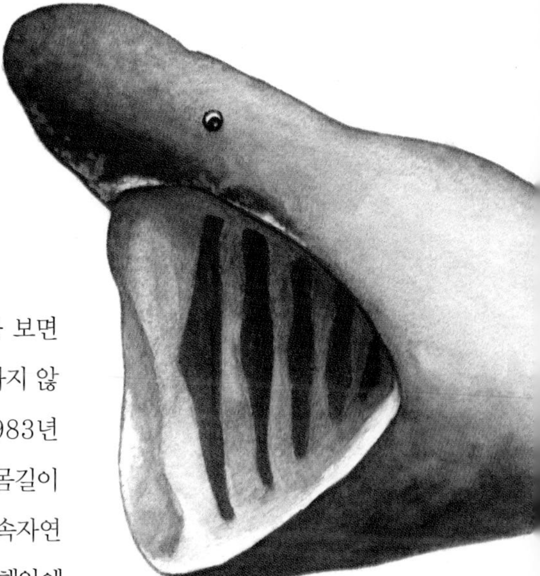

### ● 덩치만 큰 상어

대형 버스와 같이 거대한 돌묵상어를 보면 소름이 끼치지만, 사실은 사람을 공격하지 않는 온순한 상어이다. 우리나라에서는 1983년 5월 제주도 남쪽 240마일 바다에서 몸길이 8.6미터의 돌묵상어가 잡혀 제주시 민속자연사박물관에 보관되어 있고, 서해와 동해안에서도 자주 잡히는데 어민들에게 '물치'라는 방언으로 불린다. 간이 체중의 25퍼센트에 달해 어미에게서 1천 리터의 기름을 얻을 수 있으며 고기, 피혁제품, 화장품, 윤활제로 다양하게 이용된다.

### ● 길 이

태어날 때 크기는 아직 밝혀지지 않았으나 약 1.5~2미터 정도일 것으로 추정되며, 어미의 가장 큰 몸길이는 10미터에 달한다.

### ● 분 포

세계의 온대 지역 바다의 연안에 주로 살고 적도 부근의 열대 해역에는 거의 살지 않는다.

## 3) 환도상어

· **학명 /** ***Alopias pelagicus*** **Nakamura**

· **영명 / Pelagic thresher**

· **방언 / 눈티**

### ● 모 양 과  색 깔

몸은 비교적 짧고 방추형이며 주둥이는 짧고 원뿔형이다. 눈은 둥글고 약간 크며 분수공은 눈 뒤에 가까이 붙어 있고 매우 작아서 잘 보이지 않는 것도 있다. 양턱의 이빨 모양은 비슷하고, 그 가장자리는 매끈하다. 제1등지느러미는 배지느러미의 훨씬 앞에 있고, 제2등지느러미와 뒷지느러미는 매우 작다. 가슴지느러미는 곧게 뻗어 있고, 그 끝은 둥글다. 꼬리지느러미의 위쪽이 길게 뻗어 있어 그 길이가 몸통길이보다 길거나 같다. 입술주름은 없다.

등은 청회색이고 배는 흰색이지만, 등의 어두운 색과 배의 흰색이 뚜렷한 경계면을 이루지는 않는다.

### ● 번 식 과  습 성

난태생이며 2마리 정도의 새끼를 낳는다. 물 표면 가까이 사는 상어로 대개 깊이 150미터보다 위에서 생활하며 작은 물고기와 오징어를 주로 먹는다. 환도상어는 대단히 활동적이고 활발하게 헤엄쳐 다녀, 먼 바다에 살면서도 육지 가까운 바다에서 자주 잡힌다.

### ● 길 이

태어날 때 크기는 약 96센티미터이고, 어미의 가장 큰 몸길이는 3.3미터에 달한다.

### ● 분 포

우리나라의 남해안에 살며 대서양과 인도양, 태평양 등의 온대와 열대 지역의 바다에서 산다.

## 4) 흰배환도상어

· **학명** / *Alopias vulpinus* (Bonnaterre)

· **영명** / Threshner shark

· **방언** / 송지내

### ● 모양과 색깔

몸은 짧고 방추형이며, 주둥이는 짧고 원뿔형이다. 눈은 둥글고 약간 크다. 양턱의 이빨 모양은 비슷하고 그 가장자리는 매끈하다. 제1등지느러미는 배지느러미보다 훨씬 앞에 있고, 제2등지느러미와 뒷지느러미는 매우 작다. 가슴지느러미는 크고 낫과 같은 모양으로 그 끝은 약간 뾰족하다. 꼬리지느러미 위쪽이 대단히 길어서 몸통길이보다 길거나 같다. 입술주름이 있다.

등은 청회색, 배는 흰색으로 등쪽의 어두운 색과 배의 흰 색깔이 경계를 이루는 점으로 환도상어와 구분되며, 이러한 색깔의 경계는 가슴지느러미 바로 위쪽에 뚜렷하게 나타난다.

### ● 번식과 습성

난태생이며 2~4마리의 새끼를 낳는다. 환도상어와 마찬가지로 헤엄을 잘 치고 물위로 튀어 오르기도 한다. 떼를 지어 다니는 작은 물고기나 오징어, 떠다니는 갑각류를 먹는다.

## ● 덧붙이는 말

필자는 1996년 10월 전라북도 어청도에서 고기잡이배가 잡은 몸길이 1.7미터의 이 상어를 조사하면서 입 양끝에 입술주름이 있고 등과 배 사이의 색깔이 뚜렷한 경계면을 이룬다는 점으로 기존 환도상어와는 구분되는 다른 종(*Alopias vulpinus*)임을 확인해 한국미기록종으로 보고하였다. 우리나라 이름은 환도상어와 쉽게 구분되는 몸의 색깔 때문에 '흰배환도상어'로 하였다. 우리나라의 수산시장(군산, 대천, 포항)에서 볼 수 있는 환도상어속(屬) 상어는 환도상어에 비해 흰배환도상어가 더 많다.

## ● 길이

태어날 때 크기는 1.15~1.5미터, 어미의 가장 큰 몸길이는 5.5미터에 달한다.

## ● 분포

우리나라의 전 바다에서 볼 수 있고 대서양과 인도양, 태평양 등의 온대와 열대 해역에 산다.

## 5) 칠성상어

· **학명** / *Notorynchus cepedianus* (Péron)

· **영명** / Broadnose sevengill shark

### ● 모양과 색깔

몸이 길고, 머리와 주둥이가 넓다. 아가미구멍은 7개이다. 분수공은 작고, 눈은 뒤쪽으로 내려앉아 있다. 몸의 뒤쪽에 1개의 등지느러미가 있다. 배지느러미와 뒷지느러미는 작지만, 가슴지느러미는 비교적 크다. 꼬리지느러미는 위쪽으로 길게 뻗쳐 있다. 위턱이 튀어나온 반면 아래턱은 작다. 몸의 등쪽은 청회색이며 홍갈색 반점이 흩어져 있고 배는 흰색이다.

### ● 번식

난태생으로 새끼 수가 많을 때는 82마리이며, 임신기간은 12개월이다. 알을 낳는 장소는 대개 육지에서 가까운 얕은 바다이다. 흔히 모래바닥의 얕은 연안, 해조군락 근처에서 발견되며, 우리나라의 서해안에서 고기잡이배에 가끔 잡힌다. 먹이는 문어, 칠성장어, 다른 상어나 가오리 무리, 연어 등의 물고기와 부패한 고기, 물개도 먹는다. 가끔 암컷의 몸에서 짝짓기 할 때 입은 상처가 발견되며 수컷에게서도 상처가 발견되는데, 수컷의 상처는 자신들끼리 공격해서 생긴 것 같다. 아직까지 위험한 종은 아닌 것으로 알려져 있지만, 물 속에서 사람에게 공격적인 행동을 하기도 하며, 위 속에서 사람의 신체 일부가 발견된 예가 있어서 주의할 필요가 있다.

### ● 길 이

태어날 때 크기는 45~53센티미터이고, 어미의 가장 큰 몸길이는 3미터에 달한다. 수컷은 1.5~1.8미터, 암컷은 1.92~2.08미터면 어미가 된다.

### ● 분 포

우리나라의 서해와 남해, 동해 남부에서 산다. 세계적으로 주로 온대 해역에 살고 있다.

# 3 인간과 상어

# “인간과 상어”

## 25. 하와이 원주민의 위대한 신

바다에 접하고 있는 민족에게는 상어에 관련된 많은 이야기가 전해져 내려오고 있으며 전설로 내려오는 상어는 대부분 선한 동물, 혹은 위대한 신으로 묘사되어 있다. 상어가 위대한 신으로 묘사된 대표적인 경우는 하와이의 '카마호아리'라는 상어의 신이다. 하와이 원주민들에게는 상어가 가장 위대한 신이었으며 상어의 신이 바다의 재앙으로부터 인간을 구원해 준다고 믿었다. 하와이의 산 속에는 상어의 신을 모신 사당이 있으며 바닷가에는 상어와 인간이 격투를 벌인 투기장의 흔적도 있다.

상어가 인간과 공존의 관계가 아니라 공포의 대상 혹은 적으로 간주되기 시작한 것은 16세기 항해술이 발달하여 바다에 나가는 사람들이 늘기 시작하면서부터이다. 서양에서는 항해를 하다가 상어를 만나면 배에 탄 사람 중 누군가가 반드시 죽는다는 속설이 생겨났고, 이 때문에 상어는 죽음의 그림자로 여겨지기도 했다. 제2차 세계대전 당시에는 미국의 해군과 공군 병사들이 바다에 빠지거나 추락하면 상어에 의해 희생된다는 생각이 지배적이었고 불안심리가 팽배하였다. 또 바다에서 사람이 실종되면 무조건 상어에 의해 희생되는 것으로 생각했다. 미국 정부에서는 이러한 불안심리를 해소하기 위하여 노력하였으며, 이것이 오늘날 상어 연구의 시초가 되었다.

우리나라의 상어에 관한 기록은 청동기시대로 거슬러 올라간다. 가장 오래된 상어에 관한 기록은 경남 울주군 언양면 대곡리의 암벽 벽화로서 상어의 모습이 상세히 묘사되어 있는데, 이것은 청동기시대 사람들이 자신이 경험한 사실을 문자 대신 그려 놓은 것이다. 어류, 사람의 모습과 함께 묘사된 상어의 모습에서 그 시대 사람들과 상어는 익숙한 관계였음을 알 수 있다.

우리의 선조들과 상어의 관계를 엿볼 수 있는 좀더 구체적인 자료는 조선 후기 정조 때의 역사서인 한치윤의 『해동역사』이다. 이 책에는 "5월 이후에는 바다 속에 큰 물고기(大魚)가 있어 사람을 해치므로 이때는 바다 속에 들어가지 말아야 한다"는 기록이 있다. 우리나라 해안에서 큰 물고기는 고래상어, 돌묵상어, 백상아리가 있으나 이 가운데 사람을 해칠 수 있는 것은 백상아리뿐이다. 여기서 '大魚'는 백상아리일 가능성이 크며, 따라서 한반도 주변 바다에서 상어에 의한 피해 사고는 오래 전부터 있었던 것으

상어 모습이 상세히 그려진 경남 울주군 언양면 반구대 암각화의 탁본(경주박물관).

로 짐작할 수 있다.

성종 때 편찬된 『동국여지승람』에는 보령의 특산물로 상어가 나와 있어서 오래 전부터 이 지방에서는 상어를 이용했음을 알 수 있고, 순조 때 정약전에 의해 지어진 『자산어보』에는 상어가 태생이라는 내용이 기록되어 있다. 역시 순조 때 편찬된 『임원경제지』에는 우리나라 상어의 종 수가 10여 종이라는 것과 상어를 잡는 법, 그 이용법에 대해서 상세히 설명하고 있어 상어의 습성을 잘 알고 있었던 것으로 추측된다.

## 26. 상어와 사람의 경쟁

일상적으로 발생하고 경제적 손실을 주는 상어에 의한 피해는 고기 잡는 기구의 손상과 고기잡이를 방해하는 것이다. 상어가 흔한 바다에서는 주낙에 걸려 든 값비싼 물고기를 먹어치우고 머리만 남기거나, 낚시에 달아 놓은 미끼를 떼어 가거나 물고기를 쫓아 버린다. 또한 소중한 어구를 망가뜨리기도 한다.

상어는 바다 생태계의 최고 포식자로 식량을 놓고 인간과 경쟁 관계에 있다. 예를 들어 북태평양의 연어나 북대서양의 대구는 인간에게 중요한 물고기인 동시에 상어에게도 중요한 먹이가 된다. 그러나 무엇보다도 사람들의 관심을 끄는 또 하나의 상어에 의한 피해는 사람에 대한 공격이다. 바다에서 사람을 공격하여 치명적인 상처를 입히거나 죽이는 상어의 공격은 사람에게 공포의 대상이 되고 있다.

그러나 바다에서 위험한 상어를 만나는 것은 매우 드문 일이다. 세계의 많은 상어 전문가들은 상어에 의한 사고는 우리가 세상에서 접하는 다른 사고, 특히 교통사고에 비하면 확률적으로 아주 적다고 말한다. 심지어 인간이 바다에서 상어에게 희생될 확률보다는 육지에서 벼락에 맞아 죽을 확률이 높다고 말하기도 한다. 세계에서 1년 동안 상어에 물려 사망하는 경우는 30건 미만으로 브라질에서만 매년 50명 이상이 뱀에 물려 죽는 것과도 비교된다. 물론 상어에 의한 공격보다는 많은 사람들이 교통사고나 벼락에 의해서 희생될 위험에 노출되어 있는 것은 부인할 수 없다.

· 상어가 고기를 쫓는 모습.

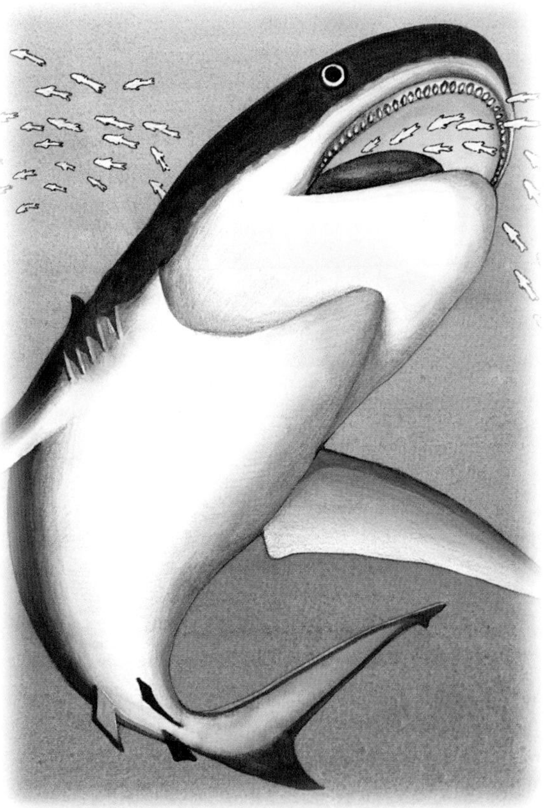

어쨌든 매년 바다를 찾는 수백만의 사람들 중 어떤 한 사람이 상어에 물릴 가능성은 극히 희박하다. 다이버가 잠수하여 상어를 보는 것은 일부 바다를 제외하고는 흔한 일이 아니고 위험한 종을 촬영하기 위하여 카메라의 사정권에 상어를 유인하는

데 몇 달, 혹은 몇 년이 걸리는 것을 생각하면 바다에서 상어를 두려워할 필요가 없다는 것이 이해될 것이다.

## 27. 어떤 상어가 사람을 공격하는가

400종에 달하는 상어 가운데 몇 종이 사람을 공격하는 것일까? 국제연합식량농업기구(FAO)에 의하면 사람이나 보트를 공격하는 상어는 겨우 27종이며, 이것은 상어 전체 종 수의 7퍼센트에 불과하다. 그 외에 사람을 공격할 가능성이 있는 종은 12종이며 이것을 합해도 전체의 10퍼센트밖에 안 된다. 그렇다고는 하지만 사람이나 보트를 공격하는 상어가 바다에 존재하는 것은 사실이기 때문에 상어의 특징이나 습성을 잘 이해하고, 적절한 판단과 행동을 취할 필요가 있다.

그렇다면 우리나라에서 위험한 상어는 어떤 종류가 있을까? 그 첫번째는 영화 「죠스」의 주인공인 백상아리이다.

다음으로 뱀상어와 청상아리가 우리나라에 나타나는 종 가운데 위험한 상어로 알려져 있고, 그 밖에 사람을 공격하는 종으로는 귀상어, 홍살귀상어, 청새리상어, 악상어, 흉상어, 무태상어가 있다. 세계적으로 사람을 공격한 횟수가 가장 많은 상어는 흉상어 무리이며 이들은 전

· 「죠스」의 주인공 백상아리.

문가라 하더라도 정확히 구별하기가 상당히 어렵다. '가장 상어다운 모양'에 '잘 헤엄쳐 다니고' '둥근 눈을 가진' 상어는 공격 가능성이 있는 위험한 상어로 생각하는 것이 좋다. 우리나라에 나타나는 흉상어과(科)의 상어는 모두 8종으로 뱀상어, 아구상어, 펜두상어, 청새리상어, 무태상어, 흉상어, 검은꼬리상어, 흰빰상어가 여기에 속한다. 이 가운데 펜두상어, 흰빰상어, 검은꼬리상어는 사람을 공격하기에는 너무 작은 상어이고 아직 사람을 공격한 기록도 없다.

· 백상아리의 이빨을 가리키고 있는 필자.

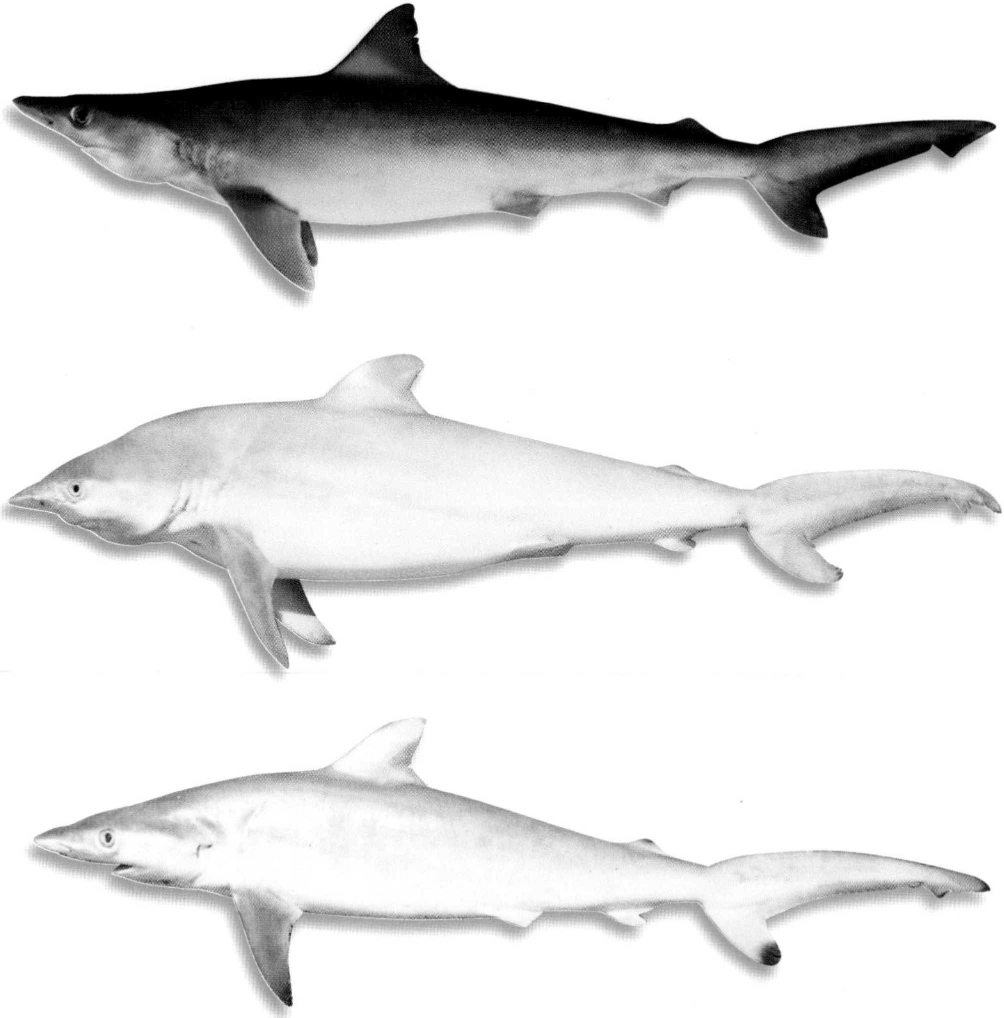

· 흉상어과의 상어 가운데 사람을 공격할 가능성이 희박한 상어들(위로부터 펜두상어, 흰뺨상어, 검은꼬리상어).

# 28. 상어는 왜 사람을 공격하는가

상어가 사람을 공격한 사례는 1958년 미국에서 상어 연구 기관이 세워진 뒤 10년간의 활동으로 알려지게 되었고, 워싱턴 D.C.의 국립자연사박물관에 의해 체계화되었다. 1973년 발드리지(Baldridge) 박사는 1,165건의 상어의 공격 사례를 조사하였으며, 이 가운데 730건이 1941년부터 1968년 사이의 28년 동안 발생한 것으로 29퍼센트는 치명적인 사고였다. 그 이전의 상어 공격에 대한 확실한 기록은 불충분하지만, 매년 그 공격의 횟수가 증가하는 것은 분명하다.

· 상어의 공격은 물 깊이 1미터 이내의 무릎 높이에서도 발생한다.

하와이 대학의 랜달(Randall) 박사는 1986년 상어의 공격 사례가 증가하는 분명한 이유를 제시하였다. 그가 제시한 가장 중요한 이유는 바다를 찾는 해수욕

객이나 스쿠버 다이버의 증가라고 보고 있는데, 세계적으로 해변의 휴양지를 찾는 여행객이 늘고 또 각종 수중스포츠의 발달로 사람들이 상어가 살고 있는 바다로 빈번히 나간 데서 비롯됐다고 주장하였다. 또한 상어에 대한 상업적 어업가치가 하락하면서 상어의 수가 증가한 점도 간과할 수 없는 요인으로 꼽고 있다. 실제는 상어의 많은 공격 사례들이 보고되지 않았을 것이고, 특히 경미한 사고의 경우는 더욱 그렇다.

랜달 박사는 맑은 바다와 탁한 바다에서 각각 상어 공격에 의한 사고를 비교해 보았는데 맑은 바다에서 51.1퍼센트를 나타냈다. 이것은 다이버들이 탁한 바다보다는 맑은 바다를 선호하기 때문으로, 사람을 공격하는 상어가 반드시 맑은 바다에 많다고 할 수는 없다. 우리나라의 경우 희생자들의 대부분이 물이 비교적 탁한 군산과 보령 해역에 집중된 것도 같은 맥락이다.

어떤 학자들은 물의 온도가 20~21도 이하에서는 상어의 공격 가능성이 높지 않다고 주장하지만, 일부 학자들은 그 이하의 차가운 물에는 일반적으로 사람들이 바다에 들어가는 것을 꺼리기 때문이라고 말하기도 한다. 즉 20~21도 이하의 온도에서도 위험한 상어를 만날 가능성은 있다는 말이다. 실제 인간에게 가장 치명적인 백상아리가 나타난 가장 낮은 물의 표면온도 기록은 일본 북해도의 7.2도이다. 외국에서 발신기를 단 백상아리를 관찰한 자료에 의하면 백상아리가 따뜻한 물과 차가운 물이 층위를 형성하는 부근(수온약층)을 자주 헤엄쳐 다닌다고 한다.

세계적으로 상어의 공격과 물의 깊이에 관련된 자료는 470건이 있고, 이 가운데 62퍼센트는 수심 1.5미터 이하에서, 그리고

16퍼센트는 무릎 정도의 깊이에서 발생했다. 이것 역시 얕은 곳에서 상어의 공격이 많이 발생한다는 것을 의미하는 것은 아니다. 사람들의 대부분이 단지 그 정도의 얕은 바다에서 해수욕을 즐기기 때문이며, 만약 이들이 깊은 곳으로 들어가면 들어갈수록 상어로부터 공격받을 가능성은 더욱 클 것이다. 일반적으로 바닷가에서 수영을 하는 사람들이 물 속의 스쿠버 다이버들보다 훨씬 수가 많기 때문에 상어의 공격을 받는 횟수가 더 많다. 세계적으로 상어에 의한 사고의 90퍼센트가 물위에서나 깊이 1.5미터 이내의 바다에서 발생한 것은 이러한 사실을 뒷받침해 준다.

수영복이나 잠수복의 색깔에 관련된 자료를 보면 검정 계통의 어두운 색깔의 옷일 경우에 더 많은 공격을 받았다. 이것 역시 어두운 색깔의 잠수복이 상대적으로 더 많기 때문으로 볼 수도 있다. 외국의 한 실험결과에 의하면 상어가 밝은 색을 선호한다는 내용이 나오기도 하였다. 모형의 어린이에게 각각 노란색, 붉은색, 검은색 조끼를 입혔을 때 청새리상어에 의해 공격을 받는 횟수는 노란색이 가장 많았고, 다음은 붉은색과 검은색의 순이었다. 한편 청상아리는 노란색의 조끼를 입은 모형 어린이만을 공격하였다.

상어가 사람을 공격하는 이유는 아직 확실치 않다. 작살에 의해 잡힌 물고기가 요동치는 불규칙한 낮은 소리와 피 냄새 등은 상어를 유인하는 것으로 알려져 있지만, 그들이 언제 배가 고프고 하루에 몇 번 먹이를 먹는지는 모른다. 상어가 사람을 공격하는 것은 먹이로 먹기 위한 것이 아니라는 것이 일반적인 견해이며, 대개 이유 없이 시도해 보는 공격이라고 분석한다. 상어도 당

연히 실수를 할 수 있다.

예를 들어 물장구치는 사람이나 다이버를 물고기나 먹이로 잘못 알 수도 있다. 사람을 한번 물고 그냥 가 버리는 상어도 있다. 어떤 상어는 먹이를 발견하면 먼저 먹이를 건드려 보고 먹을 것인지를 결정한다. 이때 피해자는 까칠까칠한 상어의 비늘에 의해 상처를 입는데 이것은 짝짓기 할 때 수컷이 암컷에게 입힌 상처와 유사해서, 이러한 성적인 문제가 상어의 공격요인이 될지도 모른다는 주장도 있다. 그러나 수컷만이 사람을 공격한다는 보장은 없다. 직접 상어를 자극하거나 어떤 냄새로 상어를 흥분시키지 않아도 공격을 하는 상어가 있다. 상어가 세력권을 가진다는 것은 현재는 추측에 불과하지만, 잠수부들이 그들의 세력권을 침입했을 경우 공격을 받는 일도 생각해 볼 수 있다. 잠수부에 대한 상어의 공격은 흔치 않은 일이며, 대개 상어를 자극하여 발생하는 예가 많다.

## 29. 상어로부터 몸을 보호하는 방법은?

상어를 물리치는 방법은 있는가? 한마디로 답은 없다. 그러나 위에서 이야기한 상어의 습성과 공격요인을 알고 상어가 먹이를 찾는 메커니즘을 알면 어느 정도의 대책이 가능하다. 세계의 상어 전문가들은 상어의 공격을 피하기 위해 다음과 같은 주의 사항을 말한다. 요약해 보면 ① 몸집이 큰 상어가 있는 장소에 들어가는 것을 피하고, 특히 최근 상어에 의한 피해가 있었던 장소에서는 바다에 들어가지 말 것 ② 상어를 유혹하지 말 것 ③ 가능한 한 빨리 상어를 발견할 것 ④ 작은 상어 또는 위험하지 않은 상어라 할지라도 건드리지 말 것 ⑤ 물 속에서는 항상 두 사람 이상이 같이 행동할 것 ⑥ 가까이 있는 고기가 이상한 행동을 하거나 큰 떼를 짓기 시작할 때는 물에서 나올 것 ⑦ 작은 부상이라도 상처가 치유되지 않은 사람은 물에 들어가지 말 것, 또 물 속에서 상처를 입었을 때는 빨리 물에서 나올 것 ⑧ 탁한 물에서는 가능하면 수영이나 잠수를 피할 것 ⑨ 매우 밝은 색의 수영복이나 피부와 대조되는 색깔의 수영복은 입지 말 것 ⑩ 상어가 활발하게 움직이는 저녁이나 밤에는 수영이나 잠수를 하지 말 것 ⑪ 개나 애완용 동물과 함께 헤엄치지 말 것 등이다.

검은 피부는 어두운 색, 흰 피부는 연한 계통의 수영복을 입는 것이 좋다. 황색, 오렌지색, 붉은색의 수영복은 좋지 않다. 배는 밝은 색, 등은 어두운 색인 수영복도 죽은 고기가 떠 있는 것 같아 좋지 않다. 큰 상어가 잘 나타나는 장소, 갑자기 깊어지고 바닷물이 세차게 흐르는 장소에는 들어가지 않는 것이 좋다.

상어의 주의를 끌지 않는 방법은 불필요한 소음을 내지 않는 것이다. 물위에서 소리치거나 헤엄치는 소리, 작살에 찔린 물고기가 파닥이는 소리는 상어에게 매력적인 소리이다. 다음으로 후각을 자극하는 냄새를 나지 않게 해야 한다. 작살로 잡은 고기를 오랫동안 가지고 있거나 상처를 입은 채로 수영을 하거나 물고기의 내장을 씻은 물을 바다에 버리는 일은 상어를 모으는 것과 같다. 생리중인 여성도 주의가 필요하다. 상어가 가깝게 다가오거나 주변에 있을 때는 빨리 그것을 알아차리는 것이 중요하다. 따라서 탁한 바다 속이나 밤에는 물 속에 들어가지 않는 것이 현명한 일이다. 상어가 분명히 무관심한 경우라면 괜찮아도 상어가 따라오거나 자기 주변을 맴돌 때는 주의해야 하며, 또 갑자기 빠른 속도로 움직이거나 몸을 상하로 틀며 다가올 때는 일종의 공격 행동이므로, 위험한 상황이라는 것을 인식하고 상어의 행동을 살피면서 물에서 나와야 한다.

상어에게 물리면 바로 지혈해야 한다. 상어에 의해 사망하는 경우는 과다출혈의 경우가 많으므로 물 속에 있을 때라도 바로 지혈이 필요하다. 따라서 가까이 도와줄 사람이 있으면 다소 안심할 수 있다. 상어에 물려 생긴 상처는 세균이 묻어 있을 가능성이 있으므로 가벼운 상처라도 의사에게 확실한 치료를 받는 것이 좋다. 지금까지의 내용으로 볼 때 우리나라 서해안에서 상어에 의해 잠수어민들이 희생되는 원인은 명백해진다.

첫째, 최근 잠수장비를 가지고 고기나 조개를 잡는 어민들이 늘었다는 점.

둘째, 키조개 등을 캘 때 내는 소리와 여기서 나는 비린내는 멀리 떨어져 있는 상어의 예민한 청각과 후각을 쉽게 자극할 수 있다는 점.

셋째, 지금까지 사고가 났던 군산과 보령의 바다는 조수간만의 차가 심하고 바닥이 펄이나 모래가 섞인 펄로서 물이 탁하여 주변에 있는 상어를 쉽게 발견할 수 없다는 점.

넷째, 조개나 고기를 잡는 데 여념이 없다 보면 상어의 공격 직전까지 이를 알지 못한다는 점 등이다.

따라서 상어의 공격으로부터 몸을 보호하기 위해서는 다음과 같은 안전수칙이 필요하다.

작업을 위해 바다에 들어갈 때는 두 명 이상이 함께 들어가고 작업중에도 자주 주위를 둘러볼 것, 물이 심하게 탁한 날은 작업을 피할 것, 작업할 때 필요 이상의 소음을 내지 않도록 할 것, 채취 도구에 의해 조개가 손상되지 않도록 하여 비린내가 나는 것을 막을 것, 상어가 다가올 때는 채취한 조개로부터 몸을 멀리 할 것, 화려한 색깔의 잠수복을 입지 않을 것 등은 잠수어민들이 상어의 공격을 피하기 위한 방법이라고 할 수 있다.

상어에 의한 인명피해가 자주 일어나는 남아프리카공화국에서는 최근 '샤크포드' 라는 상어퇴치기가 개발되어 이용되고 있다. 샤크포드는 상어가 싫어하는 전파를 내어 다이버 주위에 상어가 다가오지 못하게 하는 장치이다. 상어의 피해가 심각해지고 있는 우리나라에서도 이러한 상어퇴치기의 개발이 필요한 시점으로 생각된다.

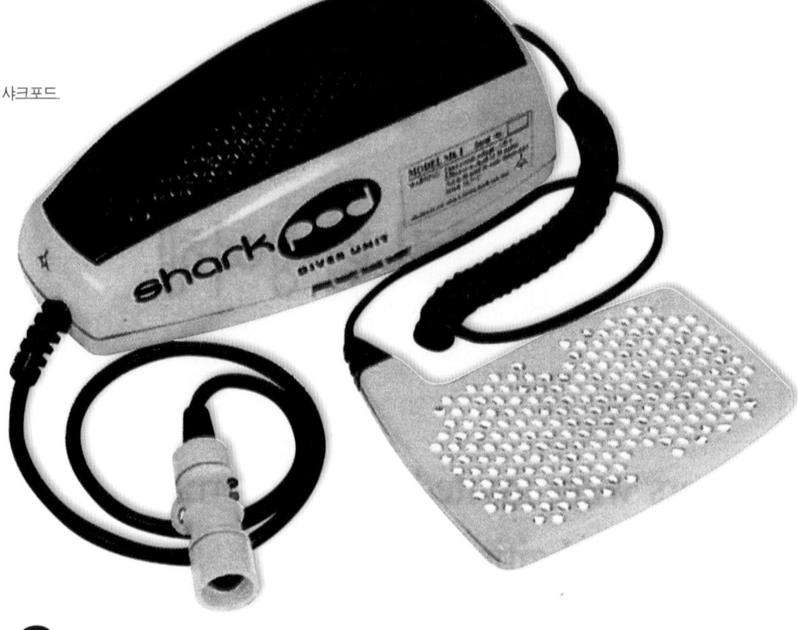


· 상어퇴치기 샤크포드.

상어는 색깔이나 형태보다는 움직임에 대단히 민감하기 때문에 주변에 위험한 상어가 있을 때는 활동을 멈추고 상어가 지나가기를 기다려야 한다. 큰 상어를 보고 놀라서 불규칙한 동작을 하는 것은 금물이다. 공격해 올 때를 제외하고는 냉정하게 행동하고 가능하면 상어와 거리를 두도록 한다. 또한 백상아리와 청상아리는 빠른 속도로 이동하기 때문에 물 속에서 큰 상어를 발견했을 때는 앞에서 말한 방법으로 상어의 위험으로부터 벗어나 해양경찰에 신고해 주변에서 작업중인 다른 사람들도 빨리 물에서 나오게 해야 한다.

• 상어의 공격을 받게 되었을 때는 주변에 있는 물건으로 방어하거나 곤봉 등으로 주둥이를 세게 내려치면 그냥 돌아가는 수도 있다. 그러나 공격해 오는 상어에게 상처를 가하는 일은 최후의 수단으로 이용해야 하는데 상처를 입은 상어가 더욱 사나워지는 경우가 있기 때문이다.

작업할 때 간단한 철망 바구니나 곤봉을 옆에 두는 것도 상어의 공격으로부터 방어할 수 있는 좋은 무기가 될 수 있다. 1996년에 군산에서 상어의 공격을 받은 한 어민은 약 20분간 키조개를 담는 바구니로 자신을 공격하는 상어의 주둥이를 수차례 밀쳐 내어 무사히 살아 나온 예가 있다. 상어는 몇 번 공격을 해보고 자신의 먹이가 아닌 것으로 판단되면 포기하고 돌아가는 경우가 많다. 따라서 당황하지 말고 준비된 곤봉 등으로 상어의 민감한 부분, 즉 눈이

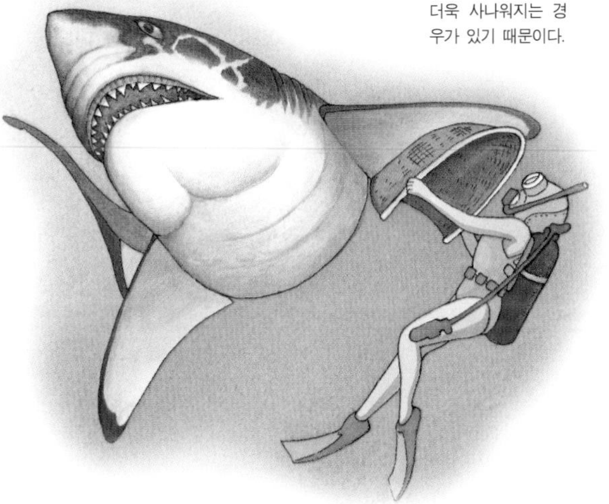

나 콧등을 힘껏 내려치면 위기에서 벗어날 수도 있다. 그러나 이 방법은 최후의 수단이어야 하는데 곤봉 등으로 공격을 받은 상어가 더 사나워지는 경우도 있기 때문이다. 즉 최후의 상황에 이르기 전에는 상어에게 상처를 입히지 않는 편이 좋다. 또 물 속이 아닌 물위에서도 상어의 공격 위험성이 있다. 여름철 해질녘에 배의 가장자리에 앉아서 발을 물에 담그고 낚시를 하는 일은 위험한 일이다. 상어는 저녁에 물위로 올라오는 습성이 있기 때문이다.

## 30. 우리나라 서해안에 나타나는 위험한 상어

세계의 상어 피해에 대해서는 현재 미국의 판새어류학회가 인적, 물적 피해자료를 수집하여 국제상어피해목록(ISAF)에 전하여 분석하고 있다. 이 목록은 처음에 스미스소니언연구소의 한 연구자가 개인적으로 오랜 기간 모은 자료를 중심으로 미국의 몇 개 연구기관이 협력하여 정보의 충실을 꾀한 것이다. 우리나라의 상어에 의한 피해에 대해서는 이 목록에 기록되지 않았으며, 단지 해양경찰서와 언론사에 사고일시, 장소, 피해자에 대한 기록만이 남아 있을 뿐이다.

1959년 여름 보령해수욕장에서 수영을 하던 대학생이 희생된 이후 1996년 군산 연안에서 잠수어민이 희생되기까지 우리나라에서 상어에 의한 사고로 추정되는 사건은 6건이 있었다. 그러나 사고 직후 상황이나 증거, 물건의 조사가 전문가에 의해 진행되지 않아서 사람을 공격한 상어의 종류는 추정에 의한 것이다. 다만 1996년 사고 당시 목격자의 설명에 의해 살인상어가 백상아

"조스가 또 나타났다"

서해 식인상어 공포

키조개채취 어부 사망

수산청 잠수금지 당부

59년 첫희생… 이번이 6번째

海水 난류로 바뀌는 5월 집중출현

식인상어 피해일지

에 또 食人상어

개잡던 漁夫물려 사망

해안에 또 식인상어

연도부근서 잠수부1명 피투성인채 떠올라

크기…59년 첫 출현 6명째 목숨 빼앗아가

아리 등 식인 상어가 나타나 어민들이 공포에 떠는 곳인데, 10년 전인 86년 5월에도 똑같은 곳에서 잠수부 1명이 숨지는 등 지난 59년부터 이 일대 서해안에서만 이번을 포함해 모두 6명의 어민이 식인 상어에 목숨을 잃었다.

다음은 서해안 식인 상어 출현 일지이다.

해수욕장에서 수영하던 대학생 1명 사망

군산/임석규 기자

무고사범 18명 구속기소

서울지검 형사1부는 10일 올 들어 지난 4월까지 접수한 고소사건 가운데 25건의 무고사건을 적발해, 거짓 사실로 고소장 등을 꾸민 혐

리였음을 추측할 수 있다.

최근 상어에 의한 피해는 더욱 빈번해지는 추세이고 우리나라의 전 바다에서 나타난 것으로 확인되고 있으며, 특히 서해안의 어패류 채취어민들에게는 생계를 위협하는 사회적 문제로 대두되고 있다. 따라서 상어의 피해를 예방하고 그 대책을 세우기 위해서 상어에 의한 사고의 정보 수집과 자료의 분석이 요구되고 있다. 현재 우리나라에는 상어에 의한 피해 정보를 전문적으로 모으고 있는 기관은 없으나, 앞으로 필자는 상어에 의한 사고를 조사하여 국제상어피해목록에 등록할 예정이다. 상어에 의한 사고 정보가 있으면 필자에게 연락해 주기 바란다.

**서해안의 위험한 상어에 의한 인명피해 기록**

| 일시 | 출몰 위치 | 희생자 | 비고 |
|---|---|---|---|
| 1959년 여름 | 충남 보령시 대천해수욕장 | 수영하던 대학생 | 사망 |
| 1981년 5월 | 충남 보령시 외연도 앞바다 | 전복채취 해녀 | 사망 |
| 1986년 5월 | 전북 군산시 연도 앞바다 | 키조개 채취 잠수부 | 사망 |
| 1988년 5월 | 충남 보령시 삽시도 앞바다 | 전복채취 해녀 | 사망 |
| 1995년 5월 | 충남 보령시 장고도리 앞바다 | 전복채취 해녀 | 사망 |
| 1996년 5월 | 전북 군산시 연도 앞바다 | 키조개 채취 잠수부 | 사망 |

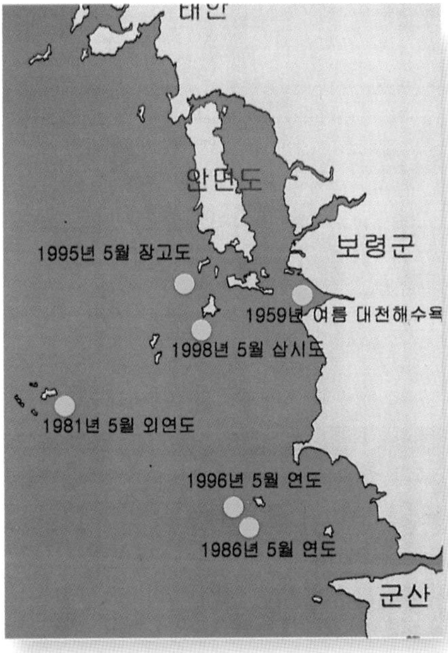


상어 공격에 의한 인명피해 장소. 우리나라에서 발생한 상어에 의한 희생자는 모두 6명이며, 서해안의 군산과 보령 해역에 집중되어 있다.

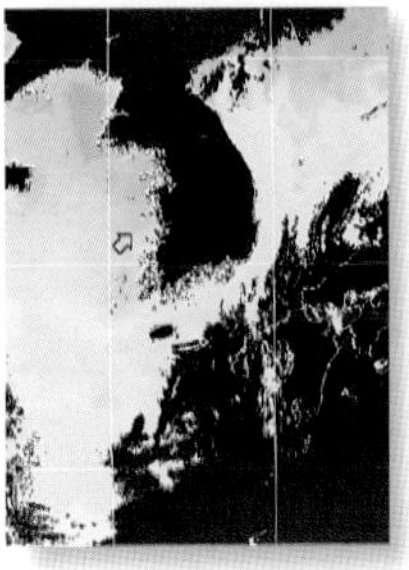

서해 연안의 해류 이동을 나타내는 인공위성 사진(국립수산진흥원, 1997년).
4월 10일에 수온 15~20도의 난류대는 제주도 바다에 머물고 있으나(위), 5월 10일에는 군산과 보령을 비롯한 서해까지 올라와 차가운 물과 혼합된다(아래, 화살표).

## 우리나라 서해안의 백상아리

우리나라 서해안은 매년 5월초에 남쪽에서 난류가 조류를 타고 군산에서 태안에 이르는 바다에 흘러들어와 이 지역의 찬물과 합쳐진다. 즉 5월에 남쪽에서 올라온 난류와 아직 수온이 올라가지 못한 차가운 냉수가 서해 중부 해역에 수온약층과 같은 환경을 만들 수 있으며, 난류와 한류성 고기가 밀집되기 때문에 대형 포식자의 먹이를 충족시킬 수 있다.

또 난류와 함께 올라온 백상아리는 새로운 환경(차가운 물)에 들어가기를 주저하여 냉온수가 합쳐지는 5~6월에 전북과 충남 해역에 머물면서 풍부한 먹이 사냥을 즐기고 있을지도 모른다. 만약 이러한 것이 서해안에 백상아리가 나타나는 원인이라면 6월 이후에는 그들이 다른 곳으로 이동할 수도 있겠으나, 현재는 이들의 정확한 분포 시기를 예측하기는 어렵고 앞으로 지속적인 연구가 요구된다.

# 31. 상어의 이용

다양한 바다 생물들의 균형을 유지시키는 포식자로서의 역할 외에 상어에 대한 긍정적인 면은 어떠한 것일까? 많은 상어들이 상업적 이용 가치를 가진다. 대형 수족관에 살아 있는 상어를 전시해서 사람들한테 보여줄 수도 있고, 일부 상어는 낚시의 대상이 되기도 한다. 수산자원의 측면에서는 고기, 지느러미를 이용한 고급요리, 상어의 간유로부터 나온 스쿠알렌, 가죽을 이용한 제품, 이빨을 이용한 장신구 등 인간에게 놀랄 만큼 다양한 산물을 제공해 준다.

· 제사상에 올리기 위한 상어고기(경북 경주수산시장).

세계의 여러 지역, 특히 개발도상국에서는 고기를 먹기 위해 상어를 잡고 있다. 최근에는 세계 각국의 수산시장에서 상어를 쉽게 볼 수 있고, 상어의 고기완자도 볼 수 있다. 상어를 고기로 먹기 위해서는 잡은 즉시 꼬리를 절단하여 피를 빼고 소금기가 없는 물로 씻어 내는 것이 좋다. 이후 시간이 많이 소요될 때는 냉동시켜 보관해야 한다.

돔발상어 무리, 까치상어 등의 작은 상어와 청상아리는 유럽에서 식용으로 가장 인기가 높으며, 이것은 우리나라의 경우도 비슷하다.

특히 까치상어는 서해안에서 횟감으로 많이 이용되고 있다. 또 옛날부터 상어고기는 제사상에 올리는 음식이었으며 최근에도 마찬가지이다. 우리나라에서 상어고기를 가장 많이 먹는 지방은 경상북도 경주와 안동 지방이다.

따라서 경주의 수산시장에서는 우리나라의 동해와 남해안에서 잡힌 청상아리, 청새리상어, 귀상어, 무태상어, 심지어 백상아리에 이르기까지 많은 상어를 볼 수 있다.

필자가 아오모리 수산시장에서 확인한 바에 따르면 일본에서는 곱상어 등 돔발상어과 어류가 가장 많았으며, 기타 청상아리, 악상어, 청새리상어를 어묵의 재료로 선호한다고 한다.

상어의 몸 가운데서 가장 귀중한 부분은 지느러미인데, 이것은 고급 중국요리로 이용되기 때문이다. 요리에는 대개 제1등지느러미, 가슴지느러미, 꼬리지느러미의 아래쪽이 이용되며, 가장 값비싼 지느러미는 귀상어, 청새리상어, 흉상어 무리의 것이다. 상어의 간유에는 비타민 A가 많이 들어 있어 예전에는 미국과 호

풍부한 스쿠알렌을 함유한 돔발상어. 돔발상어과의 상어는 많은 스쿠알렌을 함유하고 있는데 이러한 종류의 상어는 등지느러미 앞에 단단한 가시가 있고, 뒷지느러미가 없는 것이 특징이다(사진제공 Nakamura).

주에서 이것을 이용하는 시장이 발달하였지만, 오늘날은 스쿠알렌($C_{30}$ $H_{62}$)의 함유량이 적은 간유는 그 가치가 크지 않다.

간유에 가장 많은 스쿠알렌을 함유한 상어는 돔발상어과(科)의 상어로서 약 80퍼센트 이상이 들어 있다. 우리나라에는 도돔발상어, 곱상어, 돔발상어, 모조리상어 등이 여기에 속한다.

간으로부터 스쿠알렌을 추출하는 과정은 상어를 잡은 지 약 15분 이내에 시작되어야 한다. 물고기들은 죽으면 쉽게 상하는데, 상어같이 물렁뼈를 가진 고기는 더 쉽게 변하기 때문이다.

상어의 가죽은 약 1.5미터 이상만 되면 이용이 가능하며, 가죽제품에 이용되는 상어는 종종 짝짓기 동안에 수컷으로부터 당한 상처 때문에 암컷의 가죽은 이용되지 않을 때도 있다.

우리나라에 나타나는 상어 가운데는 뱀상어, 청상아리, 악상어, 청새리상어가 가죽제품을 만드는 데 이용되고 있다. 상어의 피부는 사포를 만드는 데 이용된다.

· 상어의 지느러미로 만든 고급 중국요리 샥스 핀.

세계 여러 지역의 시장에는 상어의 턱이나 이빨을 재료로 만든 진귀한 공예품이 전시되어 있는 것을 볼 수 있다. 여기에 이용되는 이빨은 주로 뱀상어, 청상아리, 백상아리의 것이며 보석류로 취급되기도 한다.

또 최근에는 상어의 몸이나 뼈로부터 추출한 물질로 의학적 연구가 진행되고 있다. 즉 상어의 물렁뼈에서 추출한 물질을 토끼 눈의 종양에 투여한 결과 종양에 영양을 공급하는 혈관의 성장이 둔화되어 종양의 성장이 늦어지는 것으로 판명되었다. 앞으로 상어의 뼈가 암환자들에게 희망을 가져다 줄지도 모르는 일이다.

# 4 우리나라 상어의 분류

# “우리나라 상어의 분류”

오늘날 지구상에는 약 150만 종 이상의 생물이 살고 있는 것으로 추정되며 이들 종은 매우 다양하지만 비교해 보면 서로 관련이 있는 공통성을 발견할 수 있다. 이 공통적인 성질을 다양한 생물을 구분하는 데 기준으로 삼아 여러 개의 종을 속(屬, genus)으로 묶고, 속을 보다 높은 단계인 과(科, family), 이어서 목(目, order), 강(綱, class), 문(門, phylum), 계(界, kingdom)의 순으로 정리한 것이 생물의 분류체계이다. 이러한 체계에 의해 상어는 동물계, 척추동물문, 연골어강에 속하는데 연골어강(Class Chondrichthyes)은 전두아강(Subclass Holocephali)과 판새아강(Subclass Elasmobranchii)으로 나뉘어진다. 우리가 말하는 상어란 판새아강 물고기로서 홍어목(目)을 제외한 8개의 분류군으로 구성된다. 여기서부터는 8개의 상어목을 구분하는 방법부터 우리나라 연근해에서 나타나는 모든 상어들의 종을 구분하는 방법을 소개한다. 물고기의 종을 구분하는 데는 어느 정도 어류학이나 분류학적 지식을 필요로 한다. 그러나 검색표와 함께 제시된 그림을 참고하면 대부분의 독자들이 우리나라 바다에서 볼 수 있는 상어의 종들을 구분하는 것은 몇 개의 분류군을 제외하면 그리 어렵지 않을 것으로 생각된다.

**[검색표 읽는 법]**

가장 좌측에 제시된 번호(1a, 1b)의 내용을 읽고 그것에 일치되는 내용에 따라 다음 단계로 이동한다. 예를 들어 종을 알수 없는 상어를 동정하고자 할 때 p144 [상어의 목 검색]을 이용하는 방법을 알아보자. 제시된 표본의 형태를 검토한 후 뒷지느러미가 없다면 1a의 지시에 따라 2번으로 가고 이때 모양이 가오리형이면 이 상어는 전자리상어목으로 구분된다. 반면에 모양이 가오리형이 아닌 상어형이면 검색표 2b에 제시된 대로 3번으로 이동하면 된다.

# 32. 상어 목의 분류

[상어 목 분류의 주요형질]

뒷지느러미의 유무, 체형, 주둥이 모양, 아가미구멍의 수, 등지느러미 앞 가시의 유무, 입의 위치, 순막의 유무.

## ● 상어의 目 검색

1a. 뒷지느러미가 없다 ———— 2

1b. 뒷지느러미가 있다 ———— 4

2a 모양이 가오리형이다(그림 1A) ——— 전자리상어목 Squatiniformes

2b. 모양이 상어형이다 ———— 3

3a. 톱과 같은 모양의 주둥이가 길게 달려 있다(그림 1B)

———— 톱상어목 Pristiophoriformes

3b. 주둥이는 정상적인 모양이다(그림 1C)— 돔발상어목 Squaliformes

4a. 아가미구멍이 6~7개이고, 등지느러미가 1개이다(그림 1D)

———— 신락상어목 Hexanchiformes

4b. 아가미구멍이 5개이고, 등지느러미가 2개이다 ———— 5

5a. 등지느러미 앞에 가시가 있다(그림 1E)

———— 괭이상어목 Heterodontiformes

5b. 등지느러미 앞에 가시가 없다 ———— 6

6a. 입이 눈의 앞쪽에 있다(그림 1F) —— 수염상어목 Orectolobiformes

6b. 입이 눈의 뒤쪽에 있다 ———— 7

7a. 눈의 아래쪽에 순막이 있다(그림 1G)

흉상어목 Carcharhiniformes

7b. 눈에 순막이 없다(그림 1H) ———— 악상어목 Lamniformes

**[그림1]**

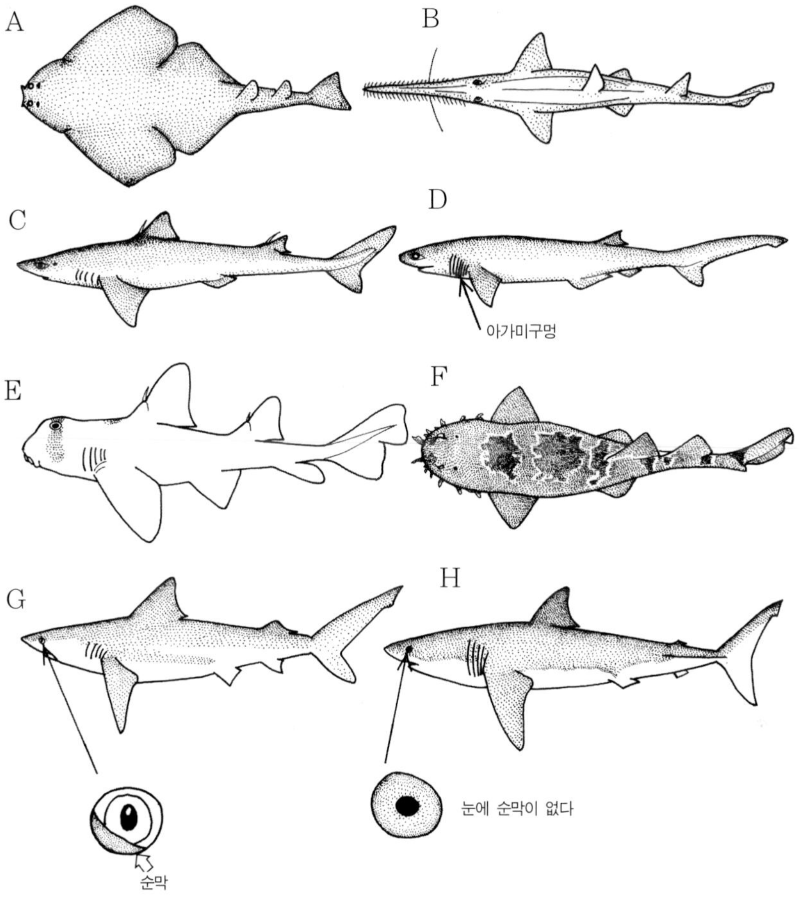

## 1) 신락상어목 Order Hexanchiformes

열대와 온대 바다에 살고 주로 깊은 바다의 바닥에 사는 상어이다. 이들은 먼 옛날에 멸종된 상어류와 모양이 비슷한 원시적인 형태의 상어이며, 6~7개의 아가미구멍과 등의 뒤쪽에 1개의 등지느러미를 가지고 있다. 위턱의 이빨은 오늘날 상어들에서도 흔히 볼 수 있는 모양이지만, 아래턱의 것은 폭이 넓고 비스듬히 기울어져 있다. 이러한 이빨 모양은 오늘날 상어의 다른 종에서는 거의 볼 수 없다. 우리나라에 1과 2속 2종, 세계에 2과 3속 5종이 있다.

[종의 검색]

1a. 눈이 크고, 머리는 좁고 뾰족하다(그림 2A) 몸에 얼룩무늬가 없다(그림 3A) ———— 꼬리기름상어 *Heptranchias perlo*

1b. 눈이 작고, 머리는 넓고 둥글다(그림 2B) 몸에 많은 반점이 흩어져 있다(그림 3B) ——— 칠성상어 *Notorynchus cepedianus*

**[그림2]**

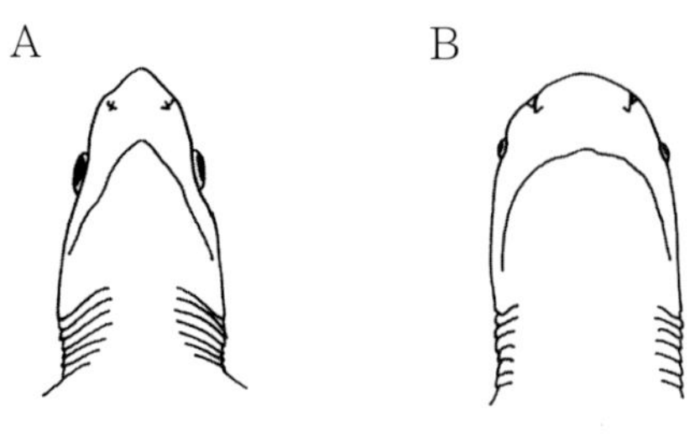


**[그림3]**

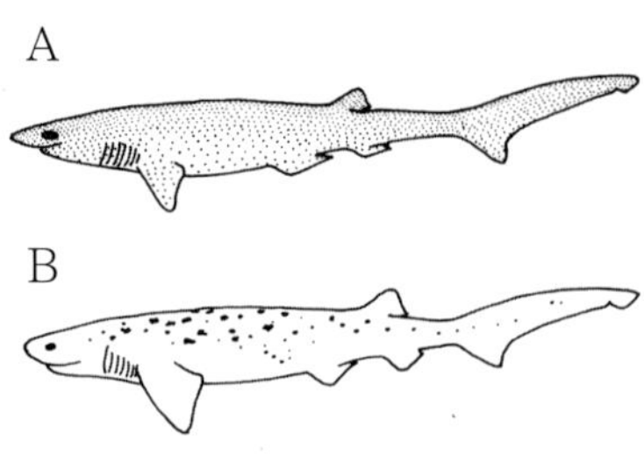

• 꼬리기름상어 *Heptranchias perlo* (Bonnaterre)

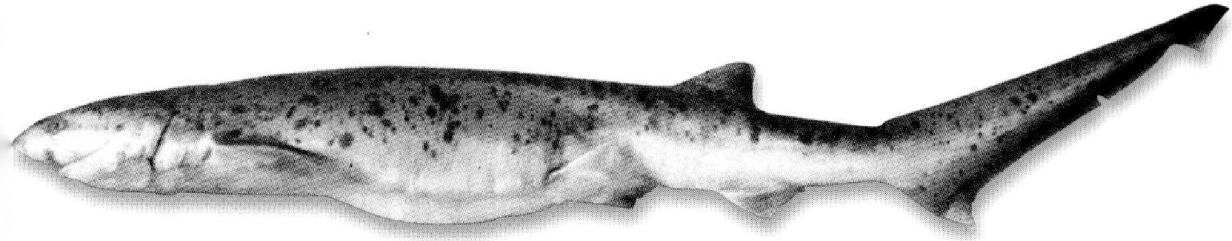

• 칠성상어 *Notorynchus cepedianus* (Péron)

## 2) 돔발상어목 Order Squaliformes

양적으로나 종 수에 있어서 흉상어목 다음으로 큰 분류군이며, 주로 깊은 바다에 산다. 몸은 대개 원통형이고, 두 개의 등지느러미가 있지만 뒷지느러미가 없다. 이들 상어의 대부분은 등지느러미 앞에 단단한 가시가 있다. 몸길이가 3.4미터에 달하는 큰 종도 있으나, 1미터 미만의 작은 종이 많다. 우리나라에 1과 2속 5종, 세계에 3과 17속 66종이 있다.

# [속과 종의 검색]

1a. 위턱과 아래턱의 이빨이 다소 다르고, 아래 이빨이 위 이빨 보다 크다. 몸통 끝에 미기각과 미병측부융기선이 없다(그림 4A) ——————————— 가시줄상어 *Etmopterus lucifer*

[그림 4]

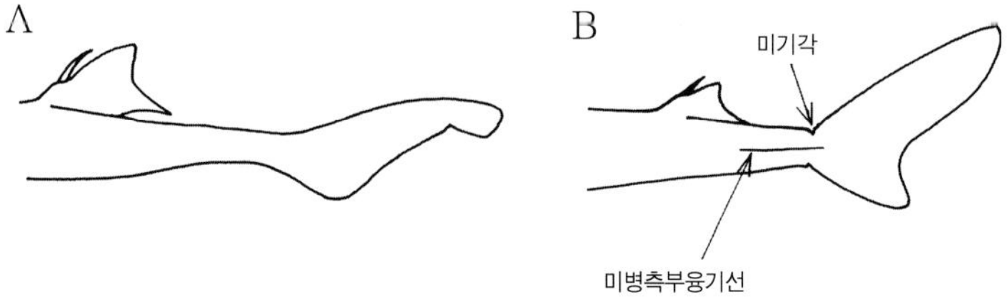


[그림 5]

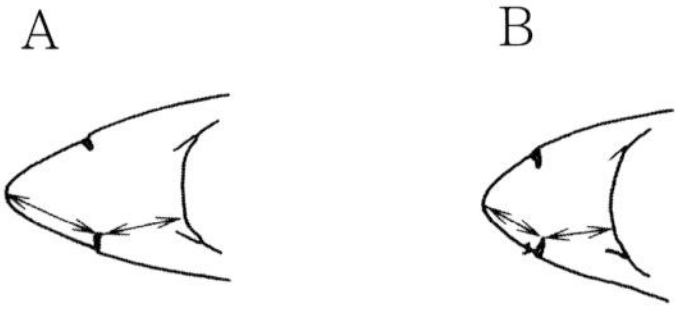


[그림 6]

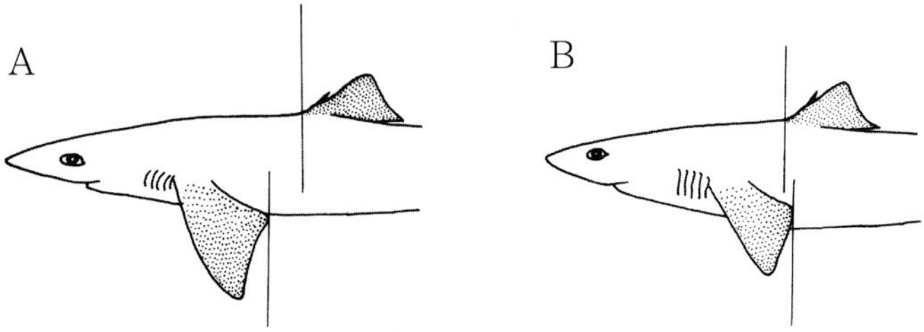


[그림 7]

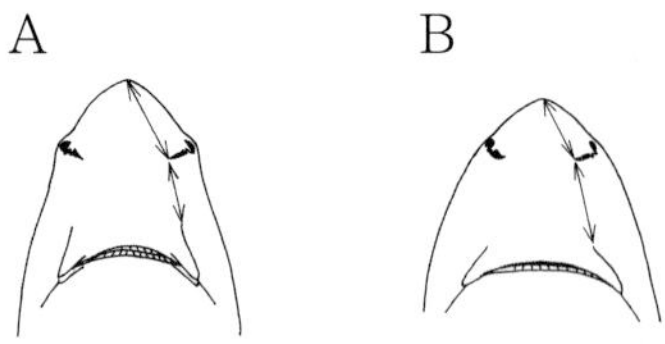

1b. 위턱과 아래턱 이빨의 모양이나 크기가 비슷하다.

몸통 끝에 미기각과 미병측부융기선이 있다(그림 4B) —— 2

2a. 눈은 주둥이 끝보다 첫번째 아가미구멍에 더 가깝다.

콧구멍부터 주둥이 끝까지의 거리보다 콧구멍부터

입까지의 거리가 더 가깝다(그림 5A)

———————————— 도돔발상어 *Squalus japonicus*

2b. 눈은 첫번째 아가미구멍보다 주둥이 끝에 더 가깝다.

콧구멍부터 주둥이 끝까지의 거리보다 콧구멍부터

입까지의 거리가 더 멀다(그림 5B) ——————— 3

3a. 제1등지느러미 가시의 시작이 가슴지느러미 뒤끝보다

훨씬 뒤쪽에 있다(그림 6A) 몸에 흰색 반점이 흩어져 있다

———————————— 곱상어 *Squalus acanthias*

3b. 제1등지느러미 가시의 시작이 가슴지러미 뒤끝 부근이나

그 앞쪽에 있다(그림 6B) ———————————— 4

4a. 주둥이 끝에서 콧구멍까지의 대각선 거리는 콧구멍으로부

터 윗입술주름까지의 거리보다 길다(그림 7A)

———————————— 돔발상어 *Squalus mitsukurii*

4b. 주둥이 끝에서 콧구멍까지의 대각선 거리는 콧구멍으로부

터 윗입술주름까지의 거리보다 짧다(그림 7B)

———————————— 모조리상어 *Squalus megalops*

• 가시줄상어 *Etmopterus lucifer* Jordan & Snyder

• 곱상어 *Squalus acanthias* Linnaeus

• 도돔발상어 *Squalus japonicus* Ishikawa

• 모조리상어 *Squalus megalops* (Macleay)

• 돔발상어 *Squalus mitsukurii* Jordan & Snyder

## 3) 톱상어목 Order Pristiophoriformes

세계적으로 5종만이 보고된 작은 분류군이다. 주둥이가 앞으로 길게 돌출되어 있고, 그 가장자리는 톱니모양의 이빨이 나열되어 있으며, 주둥이 중간에는 한 쌍의 긴 수염이 있다. 등지느러미는 2개이고, 뒷지느러미는 없다. 아가미구멍은 6개를 가진 1종을 제외하고, 나머지 종은 모두 5개이다. 대부분 몸길이 2미터 미만의 작은 상어이다. 꼬리지느러미 앞에 미병측부 융기선이 있고, 가슴지느러미가 크다. 톱날 모양의 섬뜩한 주둥이를 가지고 있지만, 사람에게는 위험하지 않은 것으로 알려져 있다. 우리나라에 1과 1속 1종, 세계에 1과 2속 5종이 있다.

· 톱상어 *Pristiophorus japonicus* Günther

## 4) 전자리상어목 Order Squatiniformes

몸이 납작하고 마치 홍어나 가오리와 비슷해서 일반인들은 흔히 홍어 무리의 한 종으로 생각하기 쉽다. 폭이 넓고 상하로 납작한 몸과 머리, 커다란 날개 모양의 가슴지느러미, 5개의 아가미구멍, 머리 앞끝에 입을 가지고, 뒷지느러미가 없는 점이 특징이다. 또 꼬리지느러미는 보통 상어와는 달리 상엽보다 하엽이 길다. 홍어목은 아가미구멍이 배 부분에 있고, 머리와 가슴지느러미가 붙어 있지만, 전자리상어목은 아가미구멍이 머리의 옆쪽에 있고, 머리와 가슴지느러미가 나뉘어져 있다. 온대와 열대 바다의 연안에 살며, 바닥에서 생활하며 1.8미터까지 자란다. 몸의 색깔이 진흙이나 모래와 비슷하고, 모래 속에 숨어서 눈만 내놓고 작은 물고기나 갑각류가 다가오기를 기다린다. 사람이 먼저 건드리지 않으면 사람을 공격하는 일은 없지만, 이들을 잡았을 때는 이가 날카로우므로 주의해야 한다. 고기는 맛이 있기 때문에 세계 각지에서 이들을 잡고 있으며, 가죽은 피혁제품으로 이용된다. 우리나라에 1과 1속 2종, 세계에 1과 1속 12종이 있다.

**[그림 8]**

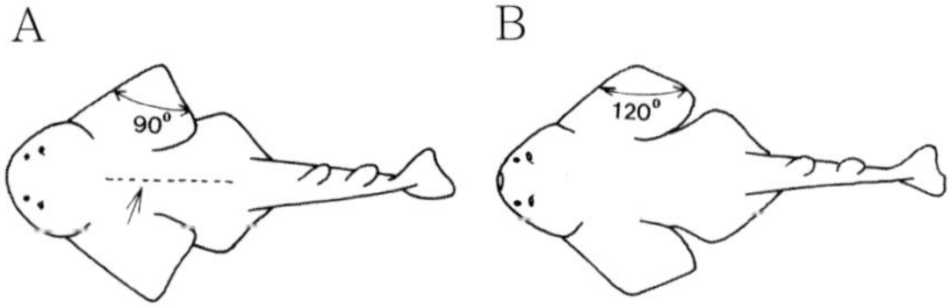


**[그림 9]**

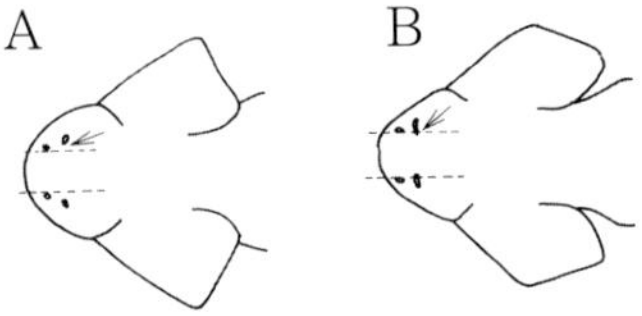


[종의 검색]

1a. 가슴지느러미 옆 끝부분의 각도는 약 90도이다(그림 8A) 등의 정 중앙선에 가시가 있다(그림 8A) 분수공의 간격이 두 눈 간격보다 길다(그림 9A) ———— 전자리상어 *Squatina japonica*

1b. 가슴지느러미 옆 끝부분의 각도는 약 120도이다(그림 8B)

• 전자리상어 *Squatina japonica* Bleeker

• 범수구리 *Squatina nebulosa* Regan

등의 정 중앙선에 가시가 없다(그림 8B) 분수공의 간격이 두 눈 간격보다 짧다(그림 9B) ———— 범수구리 *Squatina nebulosa*

## 5) 괭이상어목 Order Heterodontiformes

두 개의 등지느러미 앞쪽에 단단한 가시가 있고, 5개의 아가미구멍이 있다. 이빨은 다른 상어와 달리 먹이를 깨물어 부술 수 있는 어금니 모양이고, 턱의 부위에 따라 이빨 모양이 다르다. 영어 이름인 '헤테로돈티폼스(Heterodontiformes)'에서 'hetero'는 '다른'을, 'odon'은 '이빨'을 의미한다. 즉,

이 분류군의 이름은 이빨의 특징에서 유래된 것이다. 그러나 앞니는 먹이를 잡는 데 적합하도록 날카로운 형태로 되어 있다. 상어 가운데는 체형이 여러 가지 형태로 변형된 것들이 있으며, 괭이상어류는 주둥이가 뭉툭하고, 눈 위가 튀어나온 독특한 형태의 머리를 가지고 있다. 대부분 1미터 미만의 작은 종이며 움직임이

**[그림 10]**

A

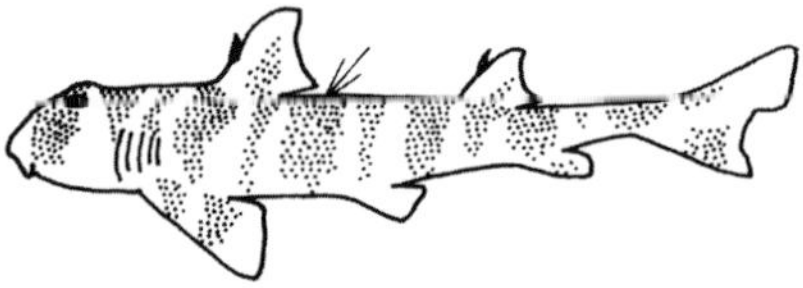

B

**[그림 11]**

A

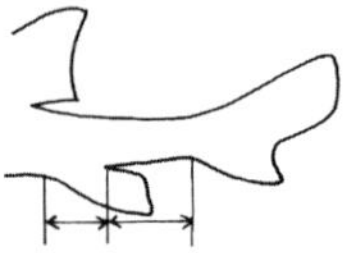


B

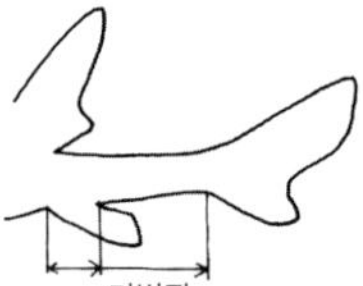

· 괭이상어 *Heterodontus japonicus* (Duméril)

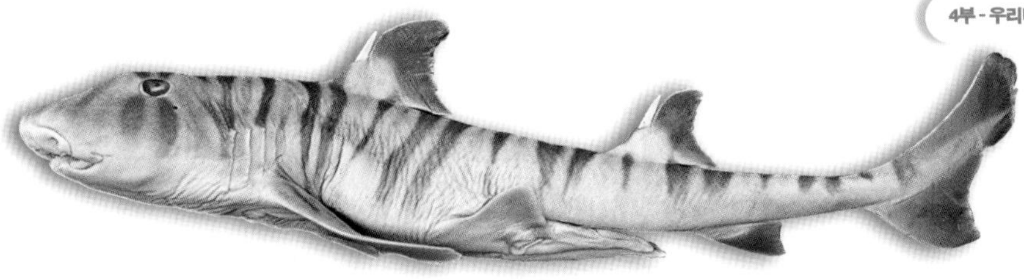

· 삿징이상어 *Heterodontus zebra* (Gray)

둔하다. 괭이상어류는 모양이 기이하지만 성격은 온순하여 사람을 공격하지 않는다. 그러나 움직임이 둔하다고 해서 다이버가 장난을 치면 무는 경우가 있다. 우리나라에 1과 1속 2종, 세계에 1과 1속 8종이 있다.

[종의 검색]

1a. 몸은 갈색이고 10개 전후의 넓은 수직 띠가 있다(그림 10A) 미병장은 뒷지느러미 기저부 길이의 1.5배 이하이다(그림 11A) ———————— 괭이상어 *Heterodontus japonicus*

1b. 몸은 담회색이고 20개 이상의 좁은 암갈색 수직 띠가 있다 (그림 10B) 미병장은 뒷지느러미 기저부 길이의 2배 이상이다 (그림 11B) ———————— 삿징이상어 *Heterodontus zebra*

## 6) 수염상어목 Order Orectolobiformes

수염상어목에 속하는 종들은 도저히 같은 무리라고 여겨지지 않을 만큼 모양이 다양하다. 이 분류군은 계통적으로 가까운 관계에 있는 생물군이라 할지라도 외견상으로는 크게 다를 수 있음을 보여주는 좋은 예이다. 대부분 인도양에서 서태평양의 열대 바다에 살고, 입 앞에는 피부가 늘어진 수염이 있다. 입과 콧구멍이 홈으로 연결된 점, 등지느러미에 가시가 없는 점이 특징이다. 아가미구멍은 5쌍이다. 고래상어를 제외하고 대부분 바닥 가까이 살며, 아름다운 줄무늬나 반점을 가지고 있다. 바다풀, 바위틈, 모래 속에 묻혀 있으면 거의 알아볼 수 없기 때문에 무심코 다가온 작은 물고기, 게, 새우류를 잡아먹는다. 우리나라에 수염상어과, 고래상어과, 얼룩상어과의 3과가 있고, 세계에는 7과가 알려져 있다.

[그림 12]

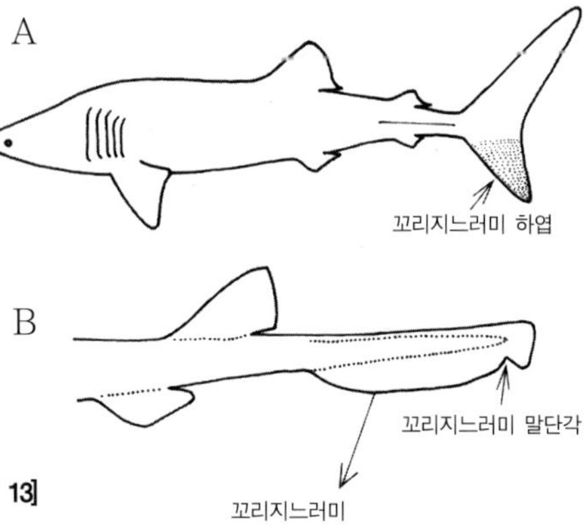


[그림 13]

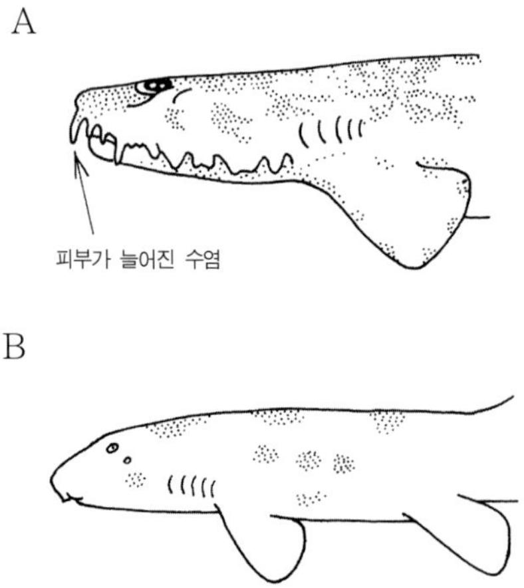

[과의 검색]

1a. 입이 크고, 거의 주둥이 끝에 위치한다. 뚜렷한 미병측부융기선이 있고, 꼬리지느러미에는 말단각이 없으며, 꼬리지느러미 하엽이 잘 발달되어 있다(그림 12A)
———————————— 고래상어과 Family Rhincodontidae

1b. 입이 작고, 주둥이 아래쪽에 위치한다. 미병측부융기선이 없고, 꼬리지느러미에 말단각이 있으며, 꼬리지느러미 하엽은 거의 없거나 아주 약하게 발달되어 있다(그림 12B) ———— 2

2a. 머리와 몸통부가 납작하다. 입 주변에 피부가 늘어져 수염모양을 이룬다(그림 13A) — 수염상어과 Family Orectolobidae

2b. 머리와 몸은 거의 원통형이다. 입 주변에 피부가 늘어져 있지 않다(그림 13B) ———— 얼룩상어과 Family Hemiscylliidae

## ● 고래상어과 Family Rhincodontidae

모든 물고기 가운데 가장 큰 몸길이 12미터 이상의 큰 상어이다. 입은 거의 주둥이 끝에 있고, 몸통 옆에서 꼬리지느러미 앞까지 뚜렷한 미병측부융기선이 발달되어 있다. 큰 머리와 반달모양의 꼬리지느러미를 가지고 있다. 턱에는 300열의 미세한 이빨이 있으며, 제1등지느러미는 크고, 제2등지느러미는 작다. 아가미구멍의 내부는 스펀지와 같은 조직이 있어서 물과 함께 입으로 들어온 먹이를 여과시킨다. 몸이 거대하지만 사람을 공격하지 않고, 온대와 열대 바다의 연안 및 대양에서 플랑크톤을 먹고 산다. 세계적으로 1속 1종이 있다.

## ● 수염상어과 Family Orectolobidae

수염상어과의 상어는 각 종마다 몸의 크기가 다양하여 작은 종은 0.6미터에서 큰 종은 3미터에 이른다. 머리와 몸이 아래위로 납작하고, 입은 거의 주둥이 끝에 위치하며 콧수염이 있다. 피부가 늘어져 만들어진 수염과 같은 것들이 입과 머리의 가장자리에 있다. 뒷지느러미는 제2등지느러미의 뒤쪽에 있다. 꼬리지느러미 하엽이 없으나, 꼬리지느러미 말단각이 있다. 분수공이 크고, 양턱에 날카로운 이빨을 가지고 있다. 5개의 아가미구멍이 있고, 꼬리지느러미 앞에 미병측부융기선이 없다. 수염상어과 대부분의 종들은 장식한 것과 같은 화려한 몸색깔을 가지고 있다. 온대와 열대 바다의 대륙붕에 살며, 우리나라에는 1속 1종, 세계에 3속 6종이 있다.

· 고래상어 *Rhincodon typus* Smith

· 수염상어 *Orectolobus japonicus* Regan

· 얼룩상어 *Chiloscyllium plagiosum* (Bennett)

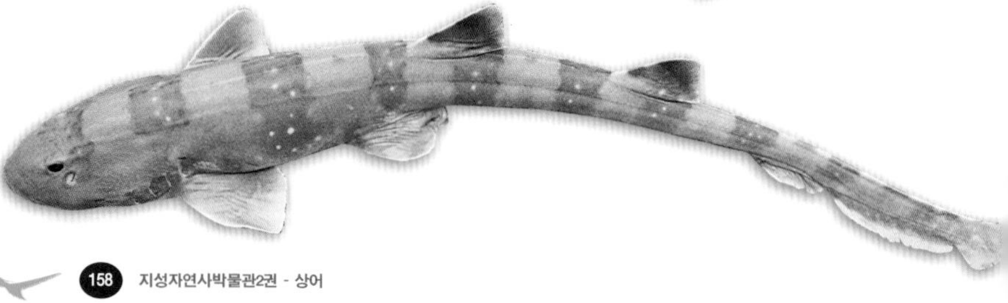

**● 얼룩상어과 Family Hemiscylliidae**

몸길이 1미터 정도의 작고 가느다란 상어류이다. 입은 주둥이의 약간 아래쪽에 있고 코에는 짧은 콧수염이 있다. 분수공은 매우 크다. 꼬리지느러미는 몸통길이보다 훨씬 짧고, 꼬리지느러미 하엽이 없지만 꼬리지느러미 말단각이 있다. 5개의 아가미구멍이 있고, 머리 주변에 피부 돌기물이 없다. 미병측부융기선이 없다. 우리나라에 1속 1종, 세계에 2속 11종이 있다.

## 7) 악상어목 Order Lamniformes

악상어목에는 몸이 큰 상어들이 많은데, 이 가운데는 사람에게 해를 끼치지 않는 상어도 있지만 사람을 공격하는 위험한 상어들이 주로 여기에 속한다. 이 분류군의 상어에게서만 볼 수 있는 독특한 특징이 없기 때문에 이들을 하나의 목으로 구분하는 것이 의문스러울 정도이다. 이들 무리의 공통된 특징이라고 한다면 다른 목의 상어에서도 볼 수 있는 원추형의 뾰족한 주둥이, 5개의 아가미구멍, 두 개의 등지느러미가 있고, 수염과 눈을 덮는 순막이 없다는 것 등이다. 이 분류군에 속하는 종들은 대개 몸길이가 4미터를 넘는데, 고래상어 다음으로 큰 돌묵상어는 그 크기가 10미터에 이르고, 백상아리는 6미터에 달한다. 악상어목에 속하는 많은 상어는 다른 상어나 일반 물고기와 달리 체온이 주위 물의 온도보다 3도 이상, 혹은 7~10도까지 높다. 이 높은 체온은 기망(奇網)이라고 하는 특수한 순환계의 조직에 의해 만들어진다. 즉 운동으로 발생한 열을 몸에 모으는 능력을 가지고 있기 때문에 운동능력이 매우 뛰어나고, 참치 등의 물고기를 빠른 속도로 헤엄쳐 따라잡을 수 있다. 우리나라에 환도상어과, 강남상어과, 악상어과, 돌묵상어과 등 4과가 있고, 세계에는 7과가 있다.

[과의 검색]

1a. 꼬리지느러미가 몸통길이만큼 길다(그림 14A) 가장 뒤쪽의 아가미구멍 2개는 가슴지느러미의 위쪽에 위치한다(그림 15A)
———————— 환도상어과 Family Alopiidae

1b. 꼬리지느러미 길이가 몸통길이보다 훨씬 짧다(그림 14B) 5개의 아가미구멍이 가슴지느러미 앞쪽에 위치한다(그림 15B) — 2

2a. 꼬리지느러미는 비대칭으로 하엽이 상엽보다 훨씬 짧고, 미병측부융기선이 짧다(그림 16A)
———————— 강남상어과 Family Pseudocarchariidae

2b. 꼬리지느러미가 거의 대칭으로 상·하엽의 길이가 비슷하고, 잘 발달된 미병측부융기선이 있다(그림 16B) ———————— 3

3a. 양턱의 이빨이 크고, 그 수는 40개 이하이다. 아가미구멍은 길지만 머리의 등쪽까지 이어지지는 않는다(그림 17A)
———————— 악상어과 Family Lamnidae

3b. 양턱에 150열 이상의 미세한 이빨을 가진다. 아가미구멍이 아주 길어서 머리의 등쪽까지 이어진다(그림 17B)
———————— 돌묵상어과 Family Cetorhinidae

**[그림 14]**

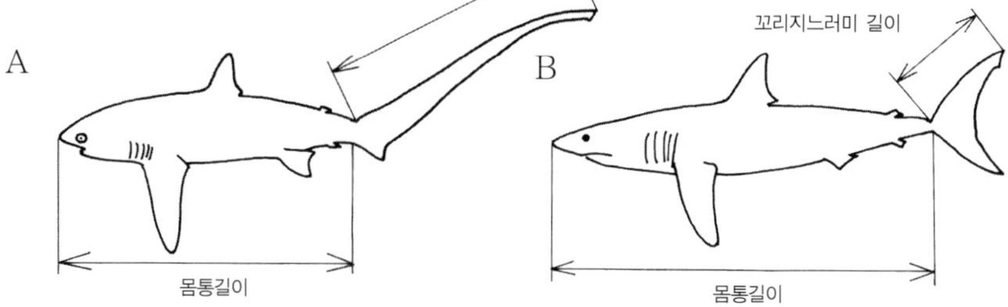


**[그림 15]**

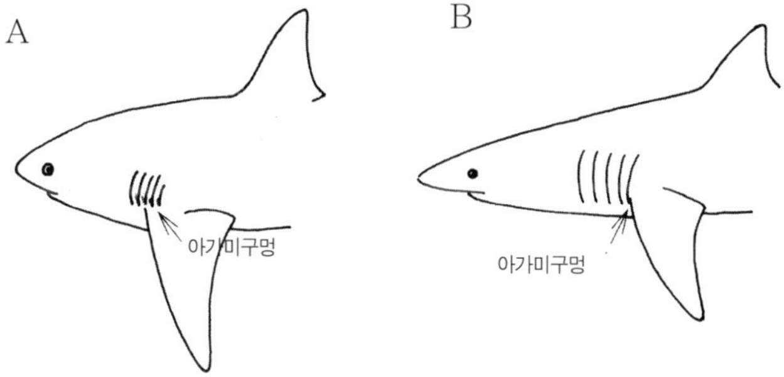


**[그림 16]**

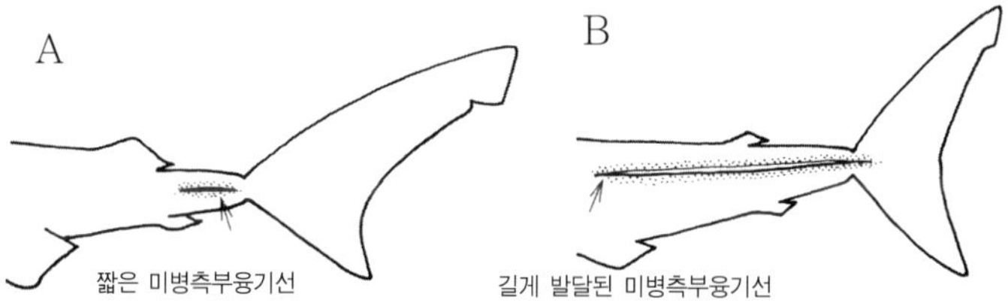


**[그림 17]**

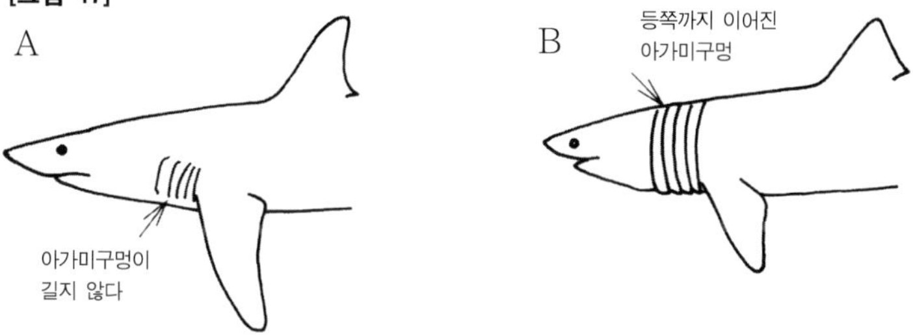

## ● 환도상어과 Family Alopiidae

몸은 방추형이고, 주둥이는 원추형으로 뾰족하다. 꼬리지느러미의 상엽이 낫과 같이 길게 뻗은 특이한 모양을 하고 있다. 눈은 둥글고 크며, 순막이 없다. 5쌍의 아가미구멍은 비교적 작고, 등지느러미에는 가시가 없다. 가슴지느러미는 좁고 길다. 꼬리지느러미 앞에 미기각이 있지만, 미병측부융기선은 없다. 제2등지느러미와 뒷지느러미는 매우 작다. 우리나라에 1속 2종, 세계에 1속 3종이 있다.

[그림 18]

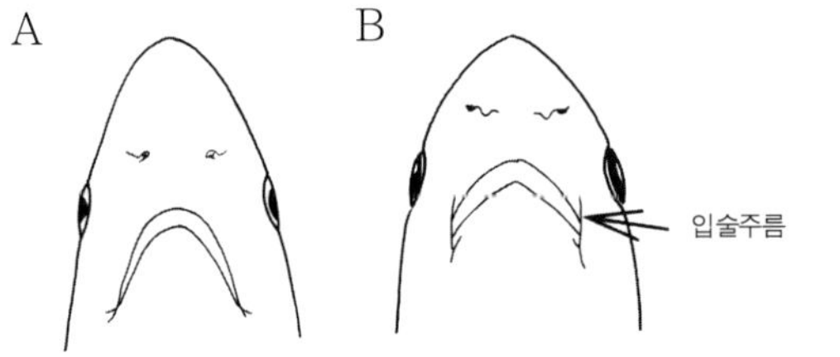


[그림 19]

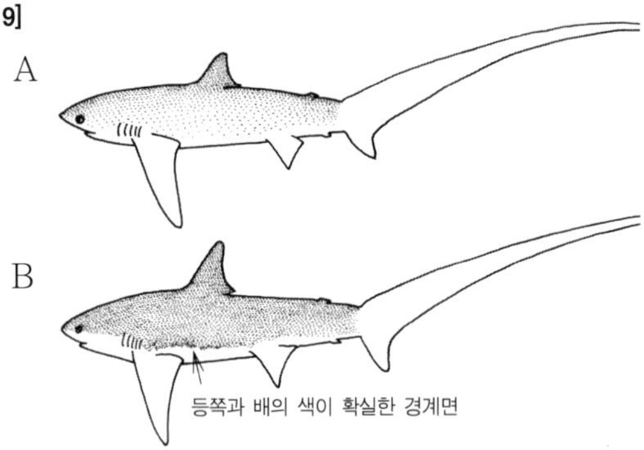


[그림 20]

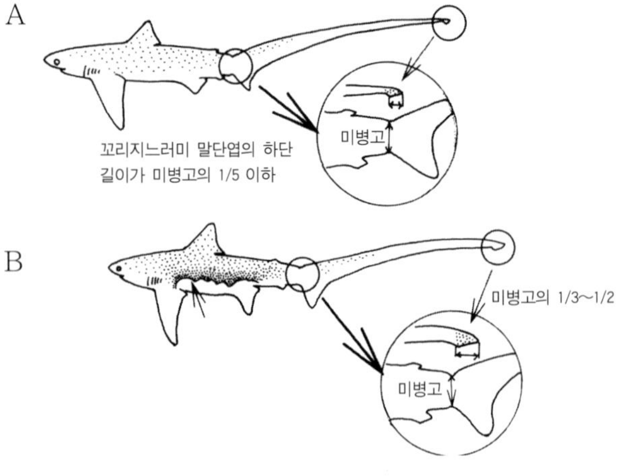

[종의 검색]

1a. 입술주름이 없다(그림 18A) 등쪽의 어두운 색과 배의 흰색이 경계면을 나타내지 않는다(그림 19A) 꼬리지느러미 말단엽의 하단 길이가 미병고 길이의 1/5 이하이다(그림 20A)
———————————— 환도상어 *Alopias pelagicus*

1b. 입술주름이 있다(그림 18B) 등쪽의 어두운 색과 배의 흰색이 뚜렷한 경계면을 이룬다(그림 19B) 꼬리지느러미 말단엽의 하단 길이가 미병고 길이의 1/3~1/2이다(그림 20B)
———————————— 흰배환도상어 *Alopias vulpinus*

• 환도상어 *Alopias pelagicus* Nakamura

• 흰배환도상어 *Alopias vulpinus* (Bonnaterre)

## ● 강남상어과 Family Pseudocarchariidae

몸길이 1.1미터 내외의 작은 상어이다. 몸은 방추형이고, 뒷지느러미가 작다. 꼬리지느러미의 상엽에 말단각이 있다. 주둥이는 뾰족하고 크며, 둥근 눈을 가지는데 순막은 없다. 5쌍의 아가미구멍이 있고, 꼬리지느러미 앞에 미병측부융기선과 상하미기각이 있다. 악상어과와 같은 느낌을 주지만 꼬리지느러미 상엽에 비해 하엽이 매우 작고, 작은 종이기 때문에 악상어과의 상어와 구분된다. 2개의 등지느러미 높이는 비교적 낮다. 세계에 단 1속 1종만이 있다.

• 강남상어 *Pseudocarcharias kamoharai* Matsubara

## ● 악상어과 Family Lamnidae

몸은 방추형이고, 몸길이 3~6미터에 활동적이고 헤엄을 잘 치는 상어류이다. 주둥이는 뾰족하고, 꼬리지느러미 앞에는 1~2개의 미병측부융기선이 있다. 초승달 모양의 꼬리지느러미, 큰 아가미구멍, 제2등지느러미와 뒷지느러미가 작은 것이 악상어과 상어의 특징이다. 이 무리의 상어에 악명 높은 백상아리가 포함되며, 육지 가까운 바다에 자주 나타난다. 이들은 발달된 순환계에 의해 발생된 열을 보존하여 주변의 수온보다 높은 체온을 유지한다. 이 상어류는 체온을 올려 소화가 잘 되게 하고, 이 때문에 빠른 대사작용과 근육운동이 가능하다. 먹이는 경골어류, 다른 상어류, 바다 포유동물을 주로 먹는다. 난태생 혹은 태생이다.

우리나라에 3속 3종, 세계에 3속 5종이 있다.

### [속과 종의 검색]

1a. 두 개의 미병측부융기선이 있다(그림 21A)

———————————— 악상어 *Lamna ditropis*

1b. 한 개의 미병측부융기선이 있다(그림 21B) ———— 2

2a. 몸의 등쪽은 회색이다. 이빨이 편평하고 삼각형이며,

가장자리가 톱니모양이다(그림 22A) 제1등지느러미는

가슴지느러미 뒤끝 부근에서 시작된다(그림 23A)

———————————— 백상아리 *Carcharodon carcharias*

2b. 몸의 등쪽은 청색이다. 이빨의 가장자리가 매끈하고 길며,

뾰족하다(그림 22B) 제1등지느러미는 가슴지느러미 뒤끝보다

뒤쪽에서 시작된다(그림 23B) ———— 청상아리 *Isurus oxyrinchus*

**[그림21]**

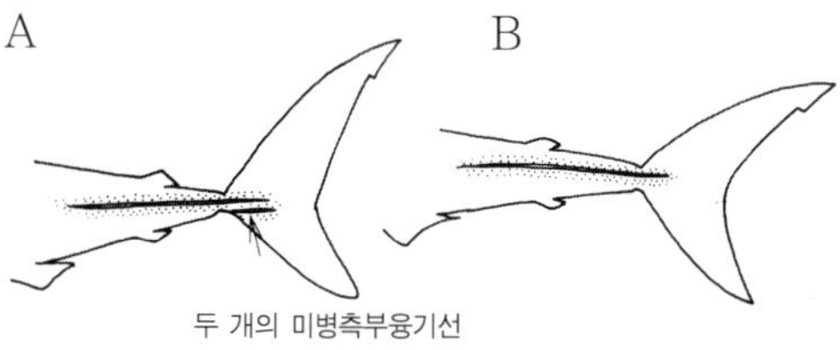


**[그림22]**

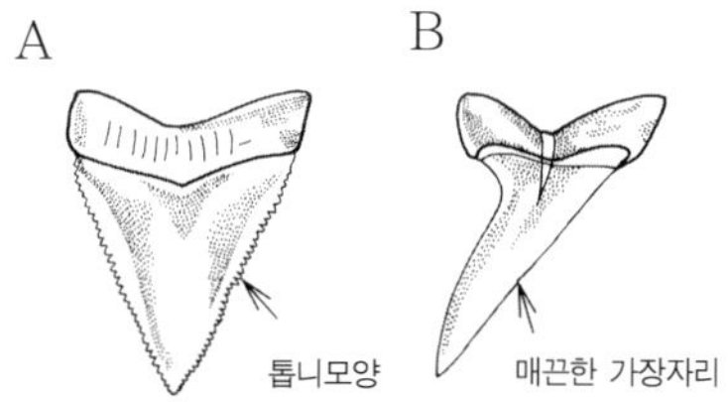


**[그림23]**

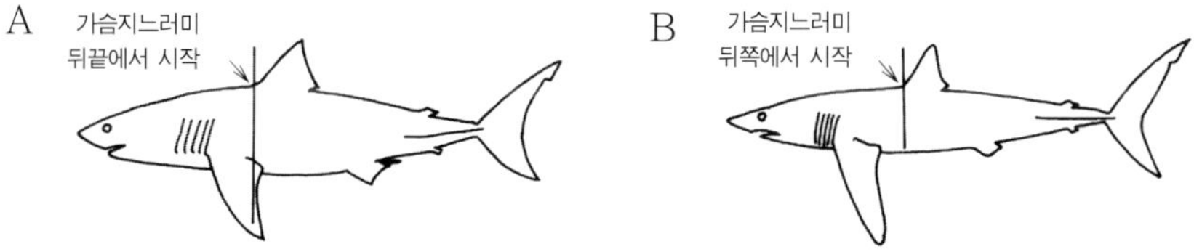

· 백상아리 *Carcharodon carcharias* (Linnaeus)

· 청상아리 *Isurus oxyrinchus* (Müller & Henle)

· 악상어 *Lamna ditropis* Hubbs & Follett

### ● 돌묵상어과 Family Cetorhinidae

몸길이 10미터에 달하는 큰 상어이며, 몸은 비교적 뭉툭한 방추형 모양을 하고 있다. 입은 주둥이 아래쪽에 있고, 양턱에는 많은 작은 이빨이 있다. 배에서 머리까지 이어지는 5쌍의 긴 아가미구멍이 있으며, 그 안쪽에 플랑크톤 여과막이 있다. 꼬리지느러미 앞에는 미병측부융기선과 상하미기각이 있다. 주둥이는 비교적 긴 원추형이고, 눈이 작다. 등지느러미에는 가시가 없다. 온대 지역의 바다를 떠다니면서 플랑크톤을 먹으며, 세계에 단 1속 1종이 있다.

· 돌묵상어 *Cetorhinus maximus* (Günnerus)

## 8) 흉상어목 Order Carcharhiniformes

종의 수나 개체수에 있어서 상어 가운데 가장 큰 분류군이다. 크기가 다양하고 상어를 생각할 때 가장 쉽게 머리에 떠오르는 전형적인 상어의 모양을 하고 있다. 입이 넓고, 눈에는 순막이 있다. 등지느러미는 2개로 앞에 가시가 없다. 아가미구멍은 5쌍이다. 이빨이 매우 날카롭고 바깥쪽의 것은 서로 어긋나 겹쳐져 있다. 난생, 난태생, 태생 등 종마다 번식 방법이 다양하다. 몸길이는 완전히 자랐을 때 2미터 이하의 것이 많고, 그 이상의 위험한 종도 있다. 흉상어목의 상어는 모든 상어의 분류군 가운데 인간과 가장 밀접한 관계를 가지고 있는 것으로 여겨진다. 많은 종이 산업적으로 중요하지만, 참치 등 사람들이 먹는 물고기를 많이 먹기 때문에 인간과 경쟁관계에 있으며, 경제적 타격을 주기도 한다. 이들은 물고기, 작은 상어류와 홍어류, 연체류, 갑각류를 먹고 더욱이 그물이나 기타 어구 등에 걸린 먹이를 먹어치우기도 한다. 고기나 지느러미는 식용으로 이용되며, 간은 기름을 짜고, 가죽은 피혁으로 가공된다. 이 분류군에 속하는 무태상어, 흉상어, 청새리상어 등은 다이버, 해수욕객, 바다에서 조난 당한 사람들

**[그림 24]**

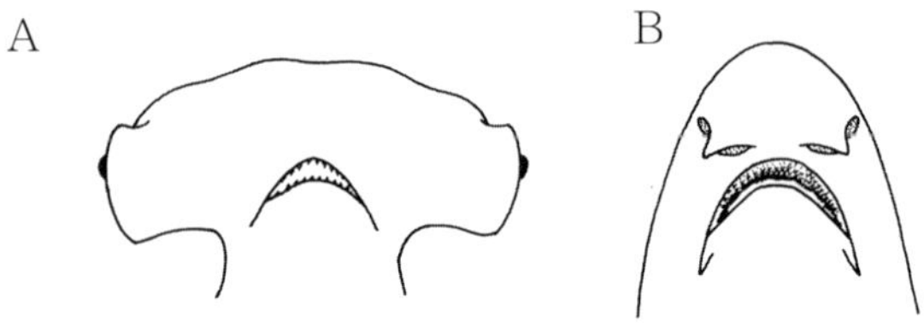


**[그림 25]**

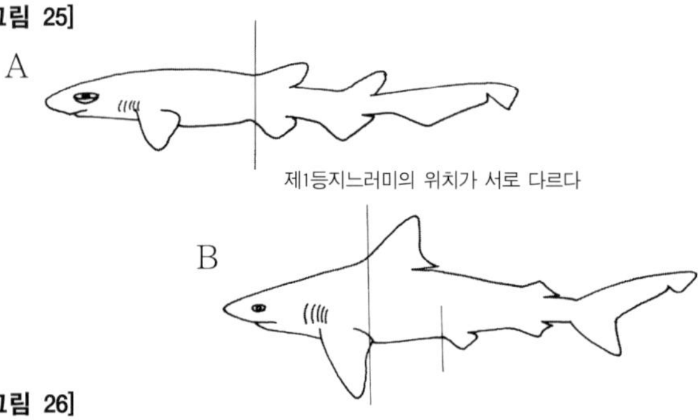


**[그림 26]**

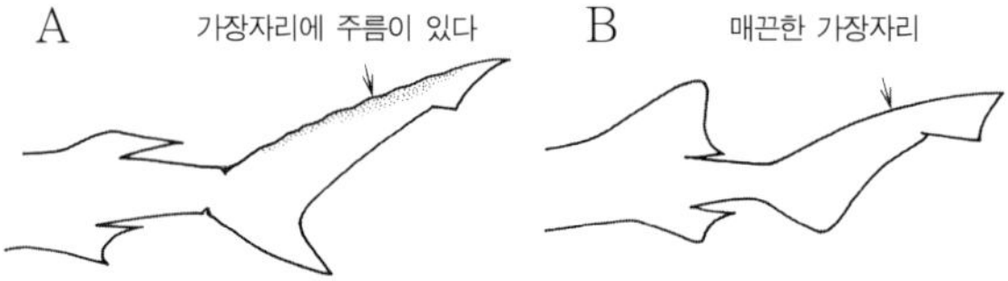


**[그림 27]**

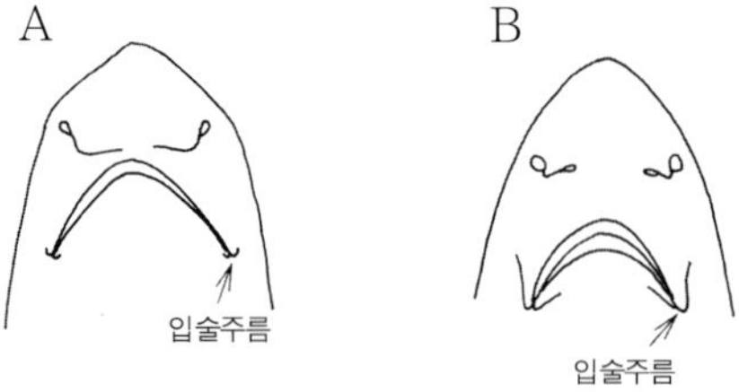

을 공격한 일이 보고되어 있어서 사람에게 위험한 종이다. 우리나라에 귀상어과, 두톱상어과, 흉상어과, 까치상어과, 표범상어과의 5과가 있고, 세계에는 8과가 있다.

[과의 검색]

1a. 머리가 망치모양이다(그림 24A) — 귀상어과 Family Sphyrnidae

1b. 머리가 정상적인 모양이다(그림 24B) ———————— 2

2a. 제1등지느러미가 배지느러미의 바로 위쪽 혹은 그 뒤에서 시작된다(그림 25A) ———— 두톱상어과 Family Scyliorhinidae

2b. 제1등지느러미가 배지느러미 앞에서 시작된다(그림 25B) —— 3

3a. 꼬리지느러미와 몸통 끝 사이에 미기각이 있다. 꼬리지느러미 상엽의 등쪽 가장자리에 주름이 있다(그림 26A)

———————————— 흉상어과 Family Carcharhinidae

3b. 미기각이 없다. 꼬리지느러미 상엽의 등쪽 가장자리가 매끈하다(그림 26B) ———————————— 4

4a. 입의 양쪽 끝에 입술주름이 없거나 매우 짧다(그림 27A)

———————————— 표범상어과 Family Proscylliidae

4b. 입술주름이 길게 발달되어 있다(그림 27B)

———————————— 까치상어과 Family Triakidae

## ● 귀상어과 Family Sphyrnidae

귀상어과의 상어는 망치처럼 독특하게 옆으로 돌출된 머리의 양끝에 눈이 달려 있어 다른 상어와 쉽게 구분된다. 몸은 방추형이고, 입은 주둥이의 아래쪽에 있다. 5쌍의 아가미구멍을 가지고 있으며, 눈에는 순막이 있다. 등지느러미 앞에는 가시가 없다. 콧수염, 분수공, 미병측부융기선이 없으나, 꼬리지느러미 앞에 상하미기삭이 있다. 제1등지느러미는 배지느러미 앞에 있다. 뒷지느러미는 제2등지느러미보다 앞에서 시작된다. 종에 따라 0.9미터에서 6미터에 이르기까지 몸의 크기가 다양하고, 육지 가까운 바다와 내만에서 산다. 물고기, 상어류, 갑각류를 먹고, 특히 가오리류를 좋아하는 것 같다. 따라서 가오리의 꼬리에 돋아난 가시에 혀를 찔린 귀상어가 발견되는 일이 있다. 큰 무리를 지어 이동하기도 하며 여름철에 고도가 높은 곳으로 이동한다. 사람을 공격한 많은 보고가 있기 때문에 주의를 요하는 종이다. 우리나라에는 1속 2종, 세계에 2속 9종이 있다.

[종의 검색]

1a. 머리의 가장자리 중앙부에 홈이 없다(그림 28A)
제2등지느러미 기저부 길이가 뒷지느러미 기저부 길이와 거의 같다(그림 29A). 제2등지느러미 후단이 꼬리지느러미 기점의 훨씬 앞쪽에 머문다 ———————— 귀상어 *Sphyrna zygaena*

1b. 머리의 가장자리 중앙부에 홈이 있다(그림 28B)
제2등지느러미 기저부 길이가 뒷지느러미 기저부 길이보다 짧다

(그림 29B) 제2등지느러미 후단이 거의 꼬리지느러미 기점까지 달한다 ———————————— 홍살귀상어 *Sphyrna lewini*

**[그림 28]**

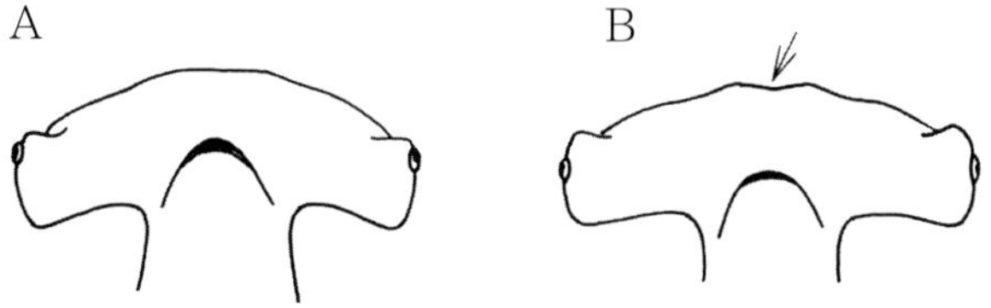


**[그림 29]**

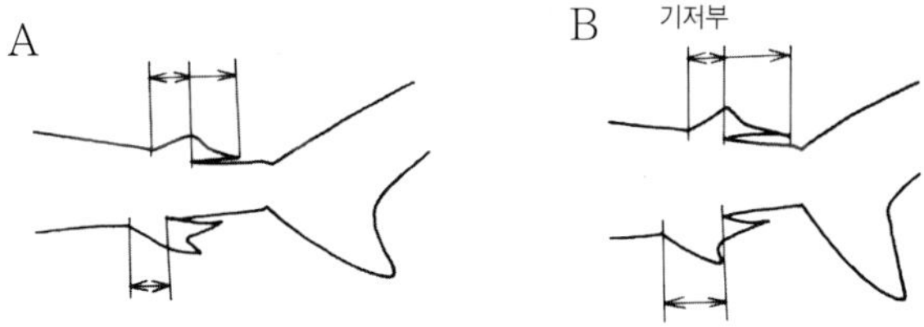

· 홍살귀상어 *Sphyrna lewini* (Griffith & Smith)

· 귀상어 *Sphyrna zygaena* (Linnaeus)

## ● 두톱상어과 Family Scyliorhinidae

몸은 방추형이고, 머리는 상하로 납작한 편이다. 눈은 옆으로 가늘게 생겼고, 순막이 있다. 5개의 아가미구멍이 있고, 두 개의 등지느러미에는 가시가 없다. 제1등지느러미는 배지느러미 뒤에서 시작되며, 꼬리지느러미의 상엽과 하엽은 완전히 비대칭으로 하엽이 매우 작다. 꼬리지느러미 앞에 미병측부융기선과 미기각이 없다. 많은 종이 시리석으로 매우 좁은 곳에서 살고 있기 때문에 그 지역 고유종(endemic species)이 많다. 대부분 얕은 바다의 바닥에 살지만, 수심 2킬로미터에서 발견되기도 한다. 주로 작은 물고기와 무척추동물을 먹고 사람에게 해를 주지 않는다.

난생 혹은 난태생이며 난각에는 부착사가 있다. 두톱상어과 상어류는 모든 상어의 과 가운데서 가장 큰 분류군이며, 우리나라에 3속 3종, 세계에 15속 88종이 있다.

[속과 종의 검색]

1a. 몸에 명료한 검은점이 흩어져 있다(그림 30A)
———————— 불범상어 *Halaelurus buergeri*

1b. 몸에 명료한 검은점이 없다(그림 30B) ———————— 2

2a. 입의 양쪽 끝 아래에 입술주름이 없거나 흔적적이다
(그림 31A) ———————— 복상어 *Cephaloscyllium umbratile*

2b. 입의 양쪽 끝에 입술주름이 있다(그림 31B)
———————— 두톱상어 *Scyliorhinus torazame*

**[그림 30]**

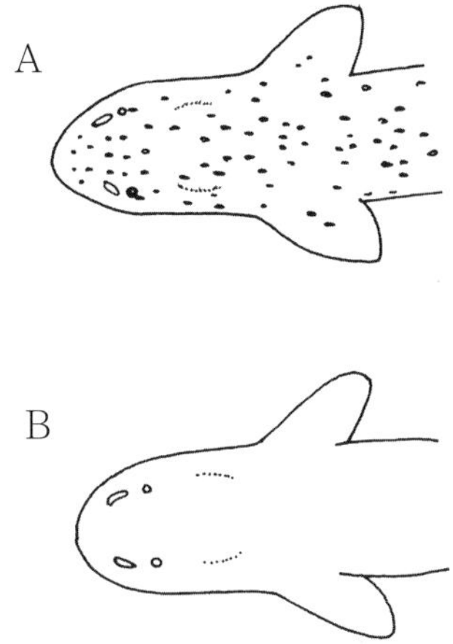


**[그림 31]**

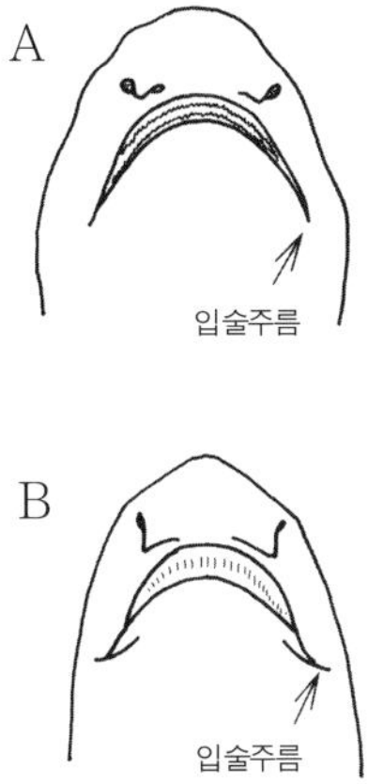

• 복상어 *Cephaloscyllium umbratile* Jordan & Fowler

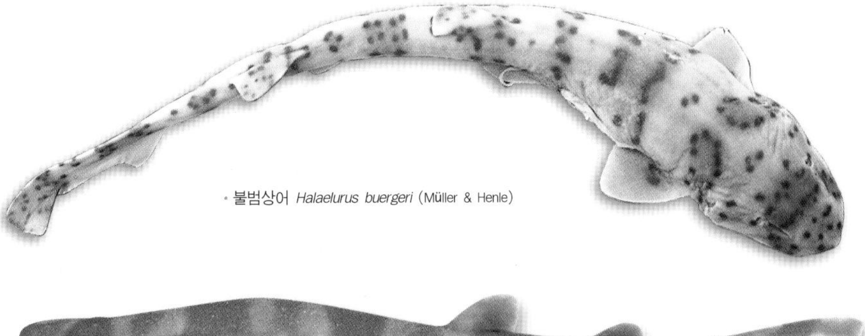

• 불범상어 *Halaelurus buergeri* (Müller & Henle)

• 두툽상어 *Scyliorhinus torazame* (Tanaka)

## ● 표범상어과 Family Proscylliidae

몸길이 1미터 미만의 작은 상어이며 몸이 가늘고 길다. 입은 주둥이 아래에 있으며, 제1등지느러미는 배지느러미 앞에 있다. 분수공은 매우 작다. 입과 코는 비공피부판의 아래쪽으로 얕게 파인 홈에 의해서 연결되어 있다. 뒷지느러미는 제2등지느러미 앞에서 시작되고, 뒷지느러미와 꼬리지느러미의 거리는 뒷지느러미 기부의 길이와 거의 같다. 꼬리지느러미 상엽의 아래쪽에 말단각이 있다. 5개의 아가미구멍이 있다.

대륙붕이나 얕은 바다의 바닥에 산다. 이 분류군은 두툽상어과와 유사하지만 제1등지느러미가 배지느러미 앞에서 시작되고, 코와 입으로 이어지는 얕은 홈을 가진 점에서 두툽상어과와 구분된다. 우리나라에 1속 1종, 세계에 4속 6종이 있다.

• 표범상어 *Proscyllium habereri* Hilgendorf

## ● 까치상어과 Family Triakidae

어미가 0.8~1.7미터 정도인 작은 상어이며, 몸은 방추형이다. 입은 머리 아래쪽에 있고 눈의 뒤까지 확장되어 있다. 분수공이 있고, 5쌍의 아가미구멍이 있다. 등지느러미에는 가시가 없고, 꼬리지느러미의 상엽과 하엽이 완전히 비대칭이다. 꼬리지느러미 앞에 상하미기각과 미병측부융기선이 없다. 제1등지느러미의 중심은 배지느러미가 시작되는 곳보다 앞에 있다. 세계에 9속이 있고, 우리나라에서는 별상어속, 까치상어속, 행락상어속의 3속을 볼 수 있다. 대륙붕이나 육지 가까운 바다의 바닥에 살며, 작은 물고기, 무척추동물을 먹는다. 태생 혹은 난태생이며, 사람에게 경제적으로 유용한 상어이다.

[속과 종의 검색]

1a. 양쪽 콧구멍 사이의 거리는 콧구멍 폭의 약 2.5배이다
(그림 32A) ———————— 행락상어 *Hemitriakis japanica*

1b. 양쪽 콧구멍 사이의 거리는 콧구멍 폭의 1～2배이다
(그림 32B) ———————————————— 2

2a. 주둥이가 짧고, 그 윤곽은 등 혹은 배쪽에서 볼 때 둥글다.
입은 둥근 활모양이다(그림 33A) ——— 까치상어 *Triakis scyllium*

2b. 주둥이가 길고, 등 혹은 배쪽에서 볼 때 삼각형에 가깝다.
입은 뾰족한 삼각형이다(그림 33B) ———————— 3

3a. 몸의 등쪽 표면에 많은 흰색 반점이 흩어져 있으며 특히
옆줄을 따라 뚜렷하다(그림 34A) 입술주름은 위쪽의 것이
아래쪽의 것보다 아주 길다(그림 35A) — 별상어 *Mustelus manazo*

3b. 몸은 전체적으로 회색이거나 약간의 검은 점들이 나타나기도
한다(그림 34B) 위아래의 입술주름은 크기가 거의 같다(그림 35B)
———————————— 개상어 *Mustelus griseus*

[그림 32]

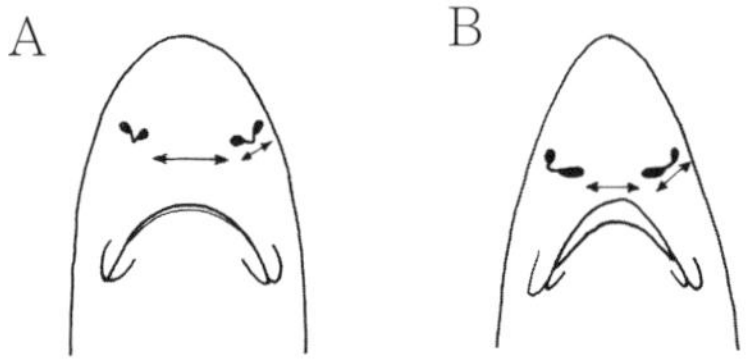


[그림 33]

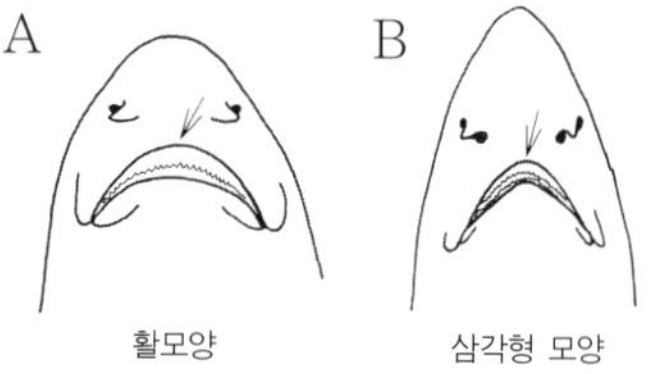


[그림 34]

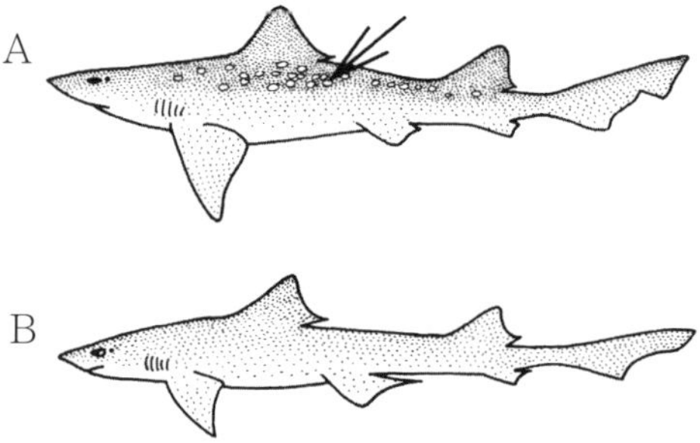


[그림 35]

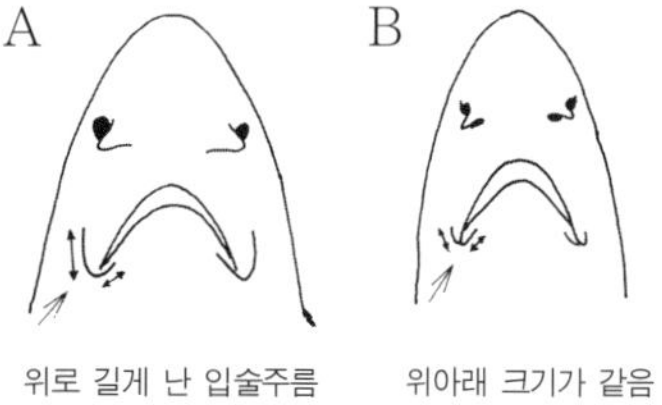

· 행락상어 *Hemitriakis japanica* (Müller & Henle)

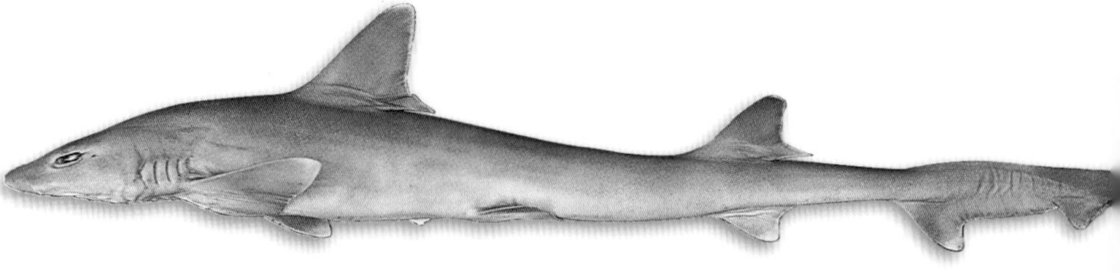

· 개상어 *Mustelus griseus* Pietschmann

• 별상어 *Mustelus manazo* Bleeker

• 까치상어 *Triakis scyllium* Müller & Henle

## ● 흉상어과 Family Carcharhinidae

종에 따라 0.7미터에서 6미터에 이르기까지 몸의 크기가 다양하다. 몸은 방추형이고, 입은 주둥이 아래쪽에 있으며 눈 뒤쪽까지 확장되어 있다. 5쌍의 아가미구멍이 있다. 눈은 둥글고 순막이 있다. 꼬리지느러미 앞에 미병측부융기선은 없지만 미기각이 있다. 가슴지느러미는 비교적 높고 배지느러미 앞에 있다. 제2 등지느러미는 뒷지느러미 위에 대칭으로 놓여 있다. 이러한 특징들은 까치상어과와 같지만, 까치상어과는 꼬리지느러미 앞에 미기각이 없기 때문에 두 분류군이 잘 구분된다.

대부분 따뜻한 온대와 열대의 바다에서 생활하며 소수의 종은 대양성이다. 특히 흉상어속 상어는 많은 종들이 형태적으로 서로 비슷해서 전문가라도 구분이 쉽지 않다. 이 분류군의 중요한 분류형질은 이빨의 모양, 등지느러미의 위치, 제1등지느러미와 제2등지느러미의 정중앙에 나타나는 선(등지느러미 사이 융기선, interdorsal ridge) 등이다. 사람을 위협하는 상어 가운데 뱀상어를 비롯한 3종이 이 과에 포함된다. 우리나라에는 뱀상어속, 청새리상어속, 펜두상어속, 흉상어속의 4속 8종이 있고, 세계적으로 12속 48종이 있다.

[속과 종의 검색]

1a. 미병측부융기선이 있다(그림 36A) 분수공이 있고 윗입술주름이 길어서 눈의 아래부분까지 도달한다(그림 37A) ———— 뱀상어 *Galeocerdo cuvier*

1b. 미병측부융기선이 없다(단, 청새리상어는 미약하게 발달)(그림 36B) 분수공이 없다. 위쪽의 입술주름이 짧아서 눈 아래까지 미치지 못한다(그림 37B) ———— 2

2a. 제1등지느러미 중심은 가슴지느러미 뒤끝보다 배지느러미 기점에 더 가깝다(그림 38A) 살아 있을 때 등의 색깔은 청색이다 ———— 청새리상어 *Prionace glauca*

2b. 제1등지느러미 중심은 배지느러미 기점보다 가슴지느러미 뒤끝에 더 가깝다(그림 38B) 살아 있을 때 등의 색깔은 청색이 아니다(대개 회색, 청동색) ———— 3

3a. 제2등지느러미 기점은 뒷지느러미 기점보다 뒤에서 시작된다(39A) 뒷지느러미 앞 융기선은 매우 길어서 뒷지느러미

**[그림 36]**

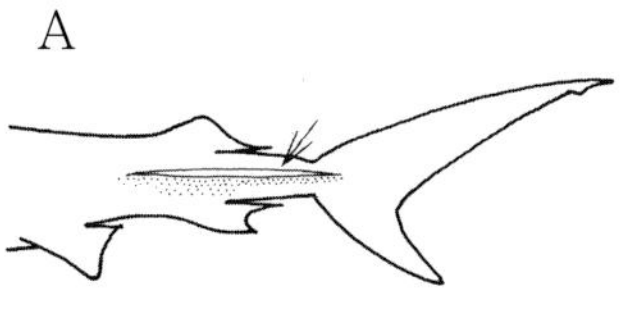


**[그림 37]**

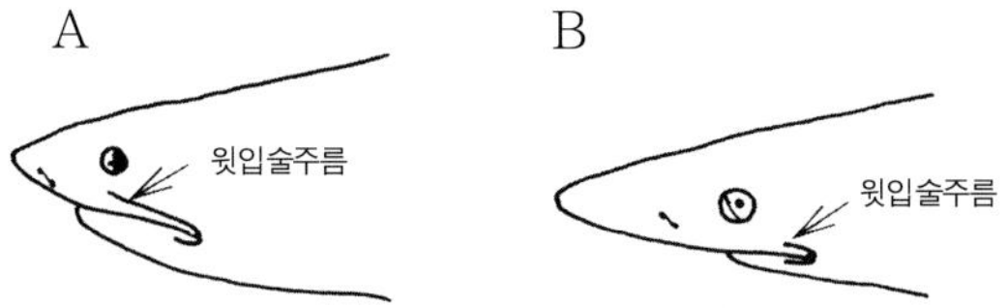


**[그림 38]**

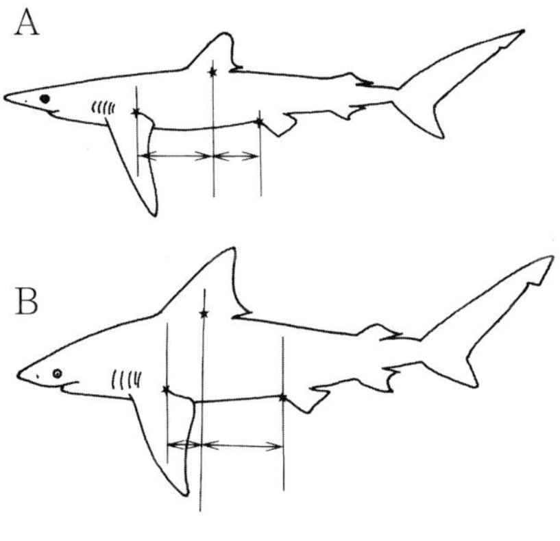


**[그림 39]**

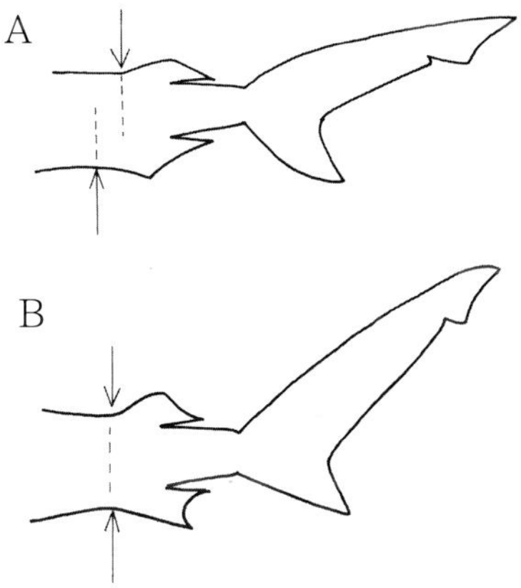


**[그림 40]**

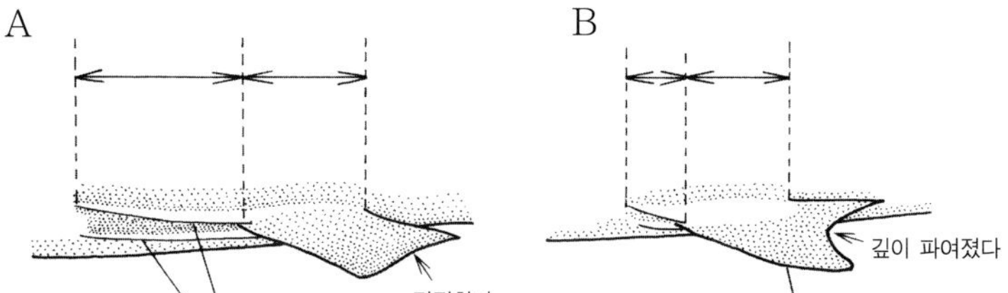

[그림 41]

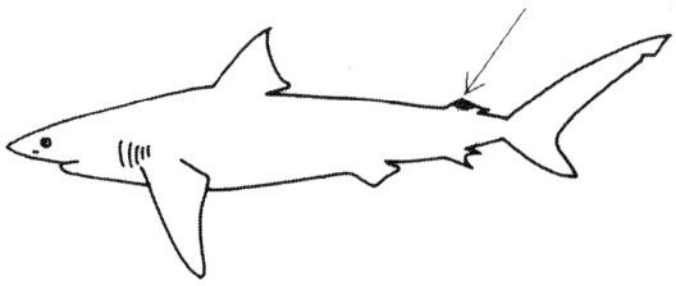

[그림 42]

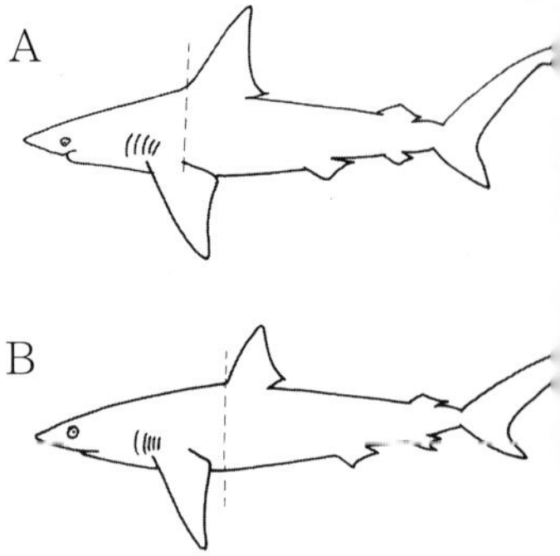


[그림 43]

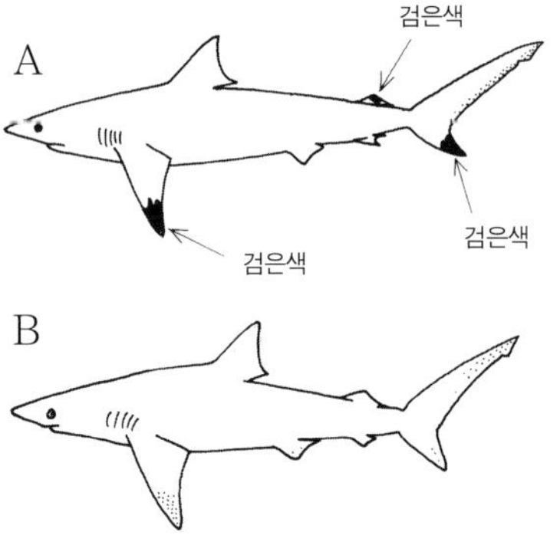


[그림 44]

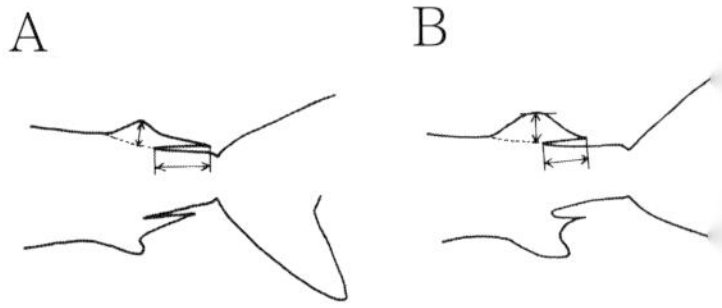


[그림 45]

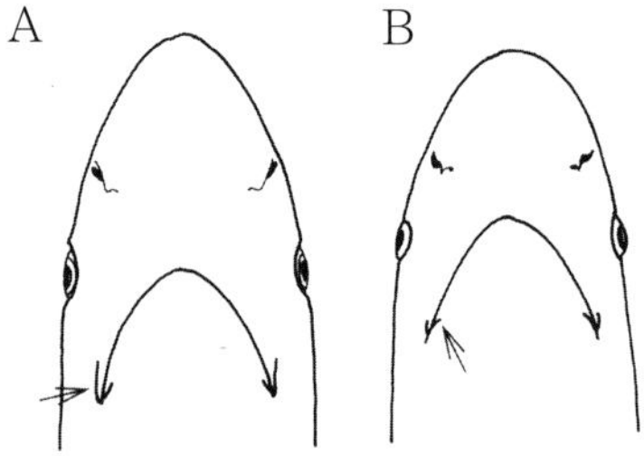


[그림 46]

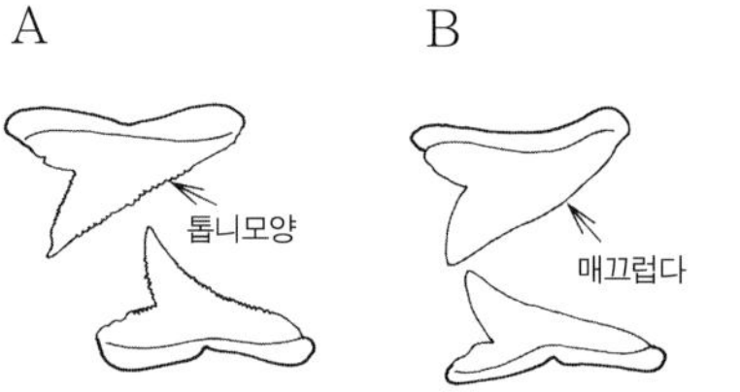


기부보다 길다(그림 40A) 뒷지느러미 끝의 모양이 거의 직선형이거나 약간 오목하다(그림 40A) ———————— 7

3b. 제2등지느러미 기점은 뒷지느러미 기점과 거의 같은 위치, 혹은 약간 앞에서 시작된다(그림 39B) 뒷지느러미 앞 융기선은 뒷지느러미 기부의 1/2 이하이다(그림 40B) 뒷지느러미 끝이 깊이 파여 있다(그림 40B) ———————— 4

4a. 제2등지느러미 끝부분만 검은색을 띠고, 다른 등지느러미 끝은 검은색을 띠지 않는다(그림 41) ———————— 흰뺨상어 *Carcharhinus dussumieri*

4b. 제2등지느러미 끝이 검은색을 띠지 않거나, 제2등지느러미가 검은색을 띨 경우에는 최소한 1개 이상의 다른 지느러미 끝에도 검은색을 띤다. ———————— 5

5a. 제1등지느러미 기점이 가슴지느러미 뒤끝의 앞에서 시작된다(그림 42A) ———————— 흉상어 *Carcharhinus plumbeus*

5b. 제1등지느러미 기점이 가슴지느러미 뒤끝보다 뒤에서 시작된다(그림 42B) ———————— 6

6a. 제2등지느러미, 가슴지느러미, 꼬리지느러미 하엽의 끝부분이 검은색이다(그림 43A) 제2등지느러미의 안쪽 가장자리는 지느러미 높이의 2배 이상이다(그림 44A) ———————— 검은꼬리상어 *Carcharhinus sorrah*

6b. 지느러미 색깔은 모두 평이하거나 약간 어둡다(그림 43B) 제2등지느러미 안쪽 가장자리는 지느러미 높이의 1.8배 정도이다(그림 44B) ———————— 무태상어 *Carcharhinus brachyurus*

7a. 입술주름이 뚜렷하고, 위의 것이 아래 것보다 길다(그림 45A) 이빨의 가장자리가 톱니모양이다(그림 46A) ———————— 펜두상어 *Rhizoprionodon acutus*

7b. 입술주름이 흔적적이고, 위의 것과 아래 것의 길이가 비슷하다(그림 45B) 이빨의 가장자리가 톱니모양이 아니다(그림 46B) ———————— 아구상어 *Rhizoprionodon oligolinx*

• 흰뺨상어 *Carcharhinus dussumieri* (Valenciennes)

• 흉상어 *Carcharhinus plumbeus* (Nardo)

• 검은꼬리상어 *Carcharhinus sorrah* (Valenciennes)

• 뱀상어 *Galeocerdo cuvier* (Péron & Lesueur)

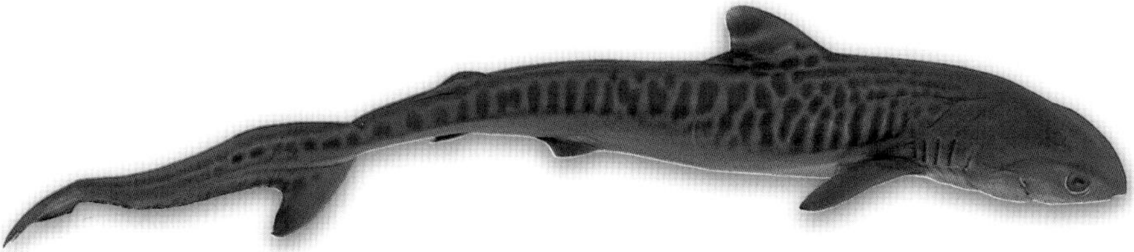

• 청새리상어 *Prionace glauca* (Linnaeus)

• 펜두상어 *Rhizoprionodon acutus* (Rüppell)

• 아구상어 *Rhizoprionodon oligolinx* Springer

## 그림으로 본 우리나라 상어의 과(科)별 형태적 특징

1. 신락상어과
2. 돔발상어과
3. 톱상어과
4. 전자리상어과
5. 괭이상어과
6. 고래상어과
7. 수염상어과
8. 얼룩상어과
9. 환도상어과
10. 강남상어과
11. 악상어과
12. 돌묵상어과
13. 귀상어과
14. 두톱상어과
15. 표범상어과
16. 흉상어과
17. 까치상어과

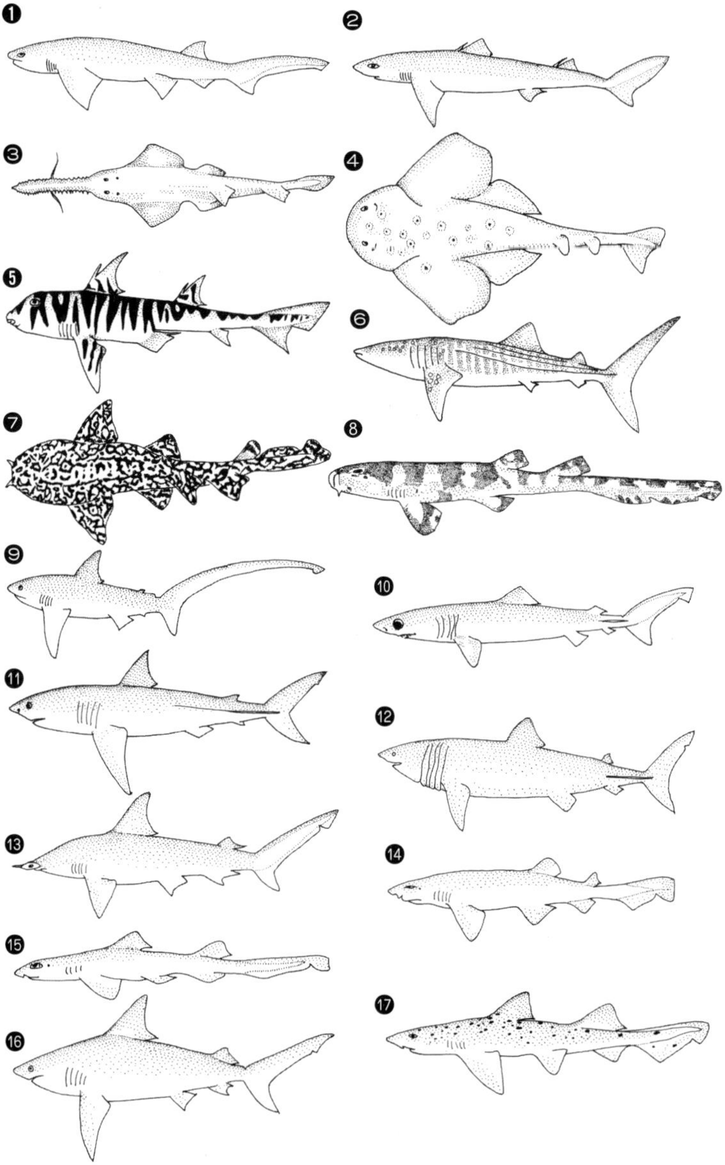

## 끝맺는 말

필자는 이 책에 상어에 대한 전반적인 생물학적 특성을 제시하였고, 우리나라에 나타나는 상어 40종에 대해 정리하였다. 일부 내용은 외국의 상어 전문학자들의 문헌으로부터 발췌한 내용이라는 점에서 다소 아쉬움은 남지만, 그래도 우리나라의 독자들에게 상어에 관한 지식을 전달할 수 있어서 보람되고, 또 미기록종 4종을 포함해서 기존의 종을 재검토한 것은 오랫동안 정체 상태에 있었던 우리나라 연근해 연골어류 연구의 확고한 기초자료가 될 것으로 기대된다. 계속된 연구를 통해 상어에 대한 많은 새로운 정보가 축적되면 좀더 좋은 내용으로 독자들을 찾아갈 것이며, 필자 외에도 언젠가는 이 책을 읽은 독자들 중 누군가가 필자가 되어 주기를 기대한다.

끝으로 독자들 중 누구든지 우리나라 연근해에서 잡은 상어가 이 책에 실린 40종과 다른 종으로 판단된다면 필자에게 연락주기 바란다. 그것은 국내 미기록종 혹은 신종으로 우리나라 연근해의 상어를 연구하는 데 학술적으로 많은 도움이 될 것이다.

# 부록 · 참고문헌 · 찾아보기

●부록

# 우리나라 연근해의 상어류 목록

**신락상어과 HEXANCHIDAE**

1. 꼬리기름상어 *Heptranchias perlo* Sharpnose sevengill shark
2. 칠성상어 *Notorynchus cepedianus* Broadnose sevengill shark

**돔발상어과 SQUALIDAE**

3. 가시줄상어 *Etmopterus lucifer* Blackbelly lanternshark
4. 곱상어 *Squalus acanthias* Piked dogfish
5. 도돔발상어 *Squalus japonicus* Japanese spurdog
6. 모조리상어 *Squalus megalops* Shortnose spurdog
7. 돔발상어 *Squalus mitsukurii* Shortspine spurdog

**톱상어과 PRISTIOPHORIDAE**

8. 톱상어 *Pristiophorus japonicus* Japanese sawshark

**전자리상어과 SQUATINIDAE**

9. 전자리상어 *Squatina japonica* Japanese angelshark
10. 범수구리 *Squatina nebulosa* Clouded angelshark

**괭이상어과 HETERODONTIDAE**

11. 괭이상어 *Heterodontus japonicus* Japanese bullhead shark
12. 삿징이상어 *Heterodontus zebra* Zebra bullhead shark

**고래상어과 RHINCODONTIDAE**

13. 고래상어 *Rhincodon typus* Whale shark

**수염상어과 ORECTOLOBIDAE**

14. 수염상어 *Orectolobus japonicus* Japanese wobbegong

**얼룩상어과 HEMISCYLLIIDAE**

15. 얼룩상어 *Chiloscyllium plagiosum* Whitespotted bambooshark

**환도상어과 ALOPIIDAE**

16. 환도상어 *Alopias pelagicus* Pelagic thresher

17. 흰배환도상어 *Alopias vulpinus* Thresher shark

**강남상어과 PSEUDOCARCHARIIDAE**

18. 강남상어 *Pseudocarcharias kamoharai* Corocodile shark

**악상어과 LAMNIDAE**

19. 백상아리 *Carcharodon carcharias* Great white shark

20. 청상아리 *Isurus oxyrinchus* Shortfin mako

21. 악상어 *Lamna ditropis* Salmon shark

**돌묵상어과 CETORHINIDAE**

22. 돌묵상어 *Cetorhinus maximus* Basking shark

**귀상어과 SPHYRNIDAE**

23. 홍살귀상어 *Sphyrna lewini* Scalloped hammerhead

24. 귀상어 *Sphyrna zygaena* Smooth hammerhead

**두툽상어과 SCYLIORHINIDAE**

25. 복상어 *Cephaloscyllium umbratile* Draughtboard shark

26. 불범상어 *Halaelurus buergeri* Blackspotted catshark

27. 두툽상어 *Scyliorhinus torazame* Cloudy catshark

**표범상어과 PROSCYLLIIDAE**

28. 표범상어 *Proscyllium habereri* Graceful catshark

**까치상어과 TRIAKIDAE**

29. 행락상어 *Hemitriakis japanica* Japanese topeshark

30. 개상어 *Mustelus griseus* Spotless smooth-hound

31. 별상어 *Mustelus manazo* Starspotted smooth-hound

32. 까치상어 *Triakis scyllium* Banded houndshark

**흉상어과 CARCHARHINIDAE**

33. 무태상어 *Carcharhinus brachyurus* Copper shark

34. 흰뺨상어 *Carcharhinus dussumieri* Whitecheek shark

35. 흉상어 *Carcharhinus plumbeus* Sandbar shark

36. 검은꼬리상어 *Carcharhinus sorrah* Spot-tail shark

37. 뱀상어 *Galeocerdo cuvier* Tiger shark

38. 청새리상어 *Prionace glauca* Blue shark

39. 펜두상어 *Rhizoprionodon acutus* Milk shark

40. 아구상어 *Rhizoprionodon oligolinx* Grey sharpnose shark

# ●참고문헌

Baldridge, H.D. 1973. Shark attack against man, A program of data reduction and analysis. Sarasota, Florida, Mote Marine Laboratory, 66p.

Bigelow, H.B. and Schroeder, W.C. 1948. Fishes of the western North Atlantic. 1. Lancelets, cyclostoms and sharks. Memoirs Sears Foundation for Marine Research 1(1) : 56~576.

Casey, J. G. and Pratt, H.L. 1985. Distribution of the white shark, *Carcharodon carcharias*, in the western North Atlantic. Mem. South Calif. Acad. Sci., 9, 2~14.

Compagno, L.J.V. 1984. FAO species catalogue. Vol. 4, Sharks of the world. An annotated and illustrated catalogue of shark species known to date. Part 1-Hexanchiformes to Laminiformes : viii, 1~250. Part 2 - Carcharhiniformes : x, 251~655. FAO fisheries synopsis 125 : 1~655.

Coppleson, V.M. 1958. Shark attack! Sydney, Angus and Robertson, 266p.

Daniel, J.E. 1934. The Elasmobranch Fishes. Univ. California Press, Berkeley. 332 pp.

Garrick, J.A.F. 1982. Sharks of the genus *Carcharhinus*. NOAA Tech. Rep. NMFS Circ., (445) : 194p.

Heemstra, P.C. 1973. A revision of the shark genus *Mustelus* (Squaliformes Carcharhinidae). Univ. of Miami. Ph.D. Thesis, 187p. (unpubl)

Jordan, D.S., and C.W. Metz. 1913. Catalogue of fishes known from the waters of Korea. Mem. Carnegie Mus. Vol. 1, pp. 2~5.

Ketchen, K.S., 1975. Age and growth of dogfish, *Squalus acanthias*, in British Columbia waters. J. Fish Res. Board Can., 32(1) : 43~59.

Klimley, A.P. and D.G. Ainley. 1996. Great white sharks. The biology of *Carcharodon carcharias*. Acad. Press, Inc., 517 pp.

Last, P.R. and J.D. Stevens. 1994. Sharks and rays of Australia. CSIRO Australia, 513 pp. Pl. 84.

Mori, T. 1952. Check list of the fishes of Korea. Mem. Hyogo Univ. Agr., 1(3) : 1~128.

Nakano. H. and K. Nakaya. 1985. Record of white shark *Carcharodon carcharias* from Hokkaido, Japan. J. Ichthyol., 33(4) : 414~416.

Nakaya, K. 1975. Taxonomy, comparative anatomy and phylogeny of Japanese catsharks, Scyliorhinidae. Memoirs of the faculty of fisheries Hokkaido University 23 : 1~94.

Nakaya, K. 1993. A fatal attack by white shark in Japan and a review of shark attacks in Japanese waters. Japan J. Ichthyol., 40(1) : 35~42.

Randall, J.E. 1986. Sharks of Arabia. IMMEL Publishing, London. 148 pp.

Taylor, R and V. Taylor. 1989. Shark. Reader's Digest.

Store, T.I. and R.L. Usinger. 1965. General zoology. McGraw-Hill, Newyork. 4th edition, 741 pp.

Taylor, L.R., Jr. 1972. A revision of the Shark Family Heterodontidae (Heterodontiformes, Selachii). Univ. of Calif., San Diego. Ph.D. dissertation, 176 pp.

Taylor, L. 1993. Sharks of Hawai'I, Their biology and cultural significance. Univ. Hawaii Press, Honolulu. 126 pp.

Tricas, T.C. and J.E. McCosker. 1984. Predatory behavior of the white shark (*Carcharodon carcharias*) with notes on its biology. Proc. Calif. Acad. Sci. 43(14) : 221~238.

仲谷一宏. 1992. サメ・ウオツチング. 東京, 平凡社, 273 pp. (Springer, V.G. and J.P. Gold, 1989 原著).

仲谷一宏, 上野輝彌, 失野憲日. 1996. ・太古からの使者. ミュージアムパーク自然博物館. 77 pp.

竹內 均. 1994. Newton Vol. 14 No. 12. 教育社.

정문기. 1997. 한국어도보. 서울, 일지사, 727pp.

# ●찾아보기

## 과부황새 그 후…

한국황새복원연구센터 지음 | 240쪽 | 46배판변형 | 15,000원 | ISBN 89-7889-105-5(03490)

이 책은 오래 전에 사라진 우리 텃새, 황새 복원 일기다. 1971년 마지막 한 쌍 중 수컷이 죽고 1994년 암컷마저 죽으면서 우리 땅에서 황새는 영영 사라졌다. 이 책은 한국황새복원연구센터가 우리 황새를 복원해가는 과정을 생생하게 기록하고 있다.

## 바다를 건너는 달팽이

• 중앙일보 · 언노련의 좋은책 선정도서 · 한국과학문화재단 추천도서

권오길 지음 | 224쪽 | 국판변형(양장) | 12,000원 | ISBN 89-7889-101-2(03470)

생에 대한 집착은 인간을 영악하게 만든다. 그것은 다른 생물들도 마찬가지다. 열무, 배추를 함께 심어보라. 좀더 기름지고 넓은 터를 차지하려고 서로 안간힘을 쓴다. 이 책은 기상천외한 동식물들의 생존 전략에 관한 이야기다.

## 생물의 죽살이

• 한국과학문화재단 추천도서

권오길 지음 | 256쪽 | 국판변형(양장) | 12,000원 | ISBN 89-7889-094-6(03470)

이 책은 제목 그대로 생물들의 죽음과 삶에 얽힌 이야기다. 모든 생물들은 저마다 생존을 위한 독특한 전략을 갖고 있다. 그들 세계에서 인간이 배울 점은 '겸손함'이다.

## 생물의 애옥살이

• 한국간행물윤리위원회 청소년 권장도서 • 환경부 선정 우수환경도서

권오길 지음 | 272쪽 | 국판변형(양장) | 12,000원 | ISBN 89-7889-093-8(03470)

자연 속에서는 인간도 동물에 불과하며, 인간이 자연의 주인공이 아니라 다른 생물들과 함께 자연이라는 주인공을 빛내는 조연일 뿐임을 생물들의 삶을 통해 보여준다.

## 열목어 눈에는 열이 없다

• 한국간행물윤리위원회 청소년 권장도서

권오길 지음 | 248쪽 | 국판변형(양장) | 12,000원 | ISBN 89-7889-092-X(03490)

이 책 전체에 흐르는 기조는 자연을 있는 그대로 바라봐야 한다는 것이다. 요즘같이 왜곡된 정보와 인식이 판치는 세태 속에서 음미해볼 만한 가치가 바로 여기에 있다. "있는 그대로 보라!"

## 생물의 다살이

• 한국과학문화재단 · 한국간행물윤리위원회 추천도서

권오길 지음 | 256쪽 | 국판변형(양장) | 12,000원 | ISBN 89-7889-090-3(03470)

평생 남의 피만 빨아야 하는 숙명을 가진, 그리하여 기생충처럼 무시당하는 흡혈박쥐도 굶주린 동료를 살리려고 제 피를 토한다. 감히 만물의 영장인 우리네 마음을 짠하게 울리는, '되바라진' 동식물 이야기!

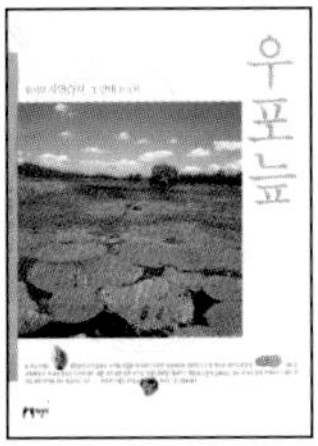


## 우포늪

• 과학기술부 인증 우수과학도서 • 어린이도서연구회 추천도서

강병국 지음 | 152쪽 | 46배판변형 | 12,000원 | ISBN 89-7889-086-5(03470)

우리나라에서 가장 오래된 자연 습지인 우포늪에 관한 생태 보고서다. 수면 면적만 70만 평으로 국내 자연 늪 중 가장 규모가 큰 우포늪엔 현재 1천 여 종의 다양한 동식물이 산다.

## 꿈꾸는 달팽이

• 한국 독서능력검정시험대상도서 4급선정

권오길 지음 | 280쪽 | 국판변형(양장) | 12,000원 | ISBN 89-7889-100-4(03470)

'생물 에세이'라는 독특한 분야를 처음 개척했던 권오길 교수의 첫 에세이이자 지성사의 첫 번째 책이다. 느낌이 있는 책, 감동을 주는 책이 과학책에서도 가능하다는 것을 보여준다.

## 한강에서 만나는 새와 물고기

• 한국출판금고 선정 '이달의 청소년도서' • 환경부 선정 우수환경도서 • 과학기술부 인증 우수과학도서

유정칠 · 이완옥 지음 | 128쪽 | 46배판변형 | 8,000원 | ISBN 89-7889-076-8(03490)

천만 인구의 도심 한복판을 유유히 흐르는 한강. 그 강물은 어떤 생명들을 품고 있을까. 이 책은 서울의 동쪽 끝에서부터 서해로 가는 길목에 이르기까지 한강에 살고 있는 동식물을 자세히 소개하고 있다.

## 하늘을 나는 달팽이 (개정판 근간)

• 한국출판인회의 선정 '이달의책' · 권오길 지음

생태계는 수십만 개의 부속품이 조화를 이루며 날아가는 비행기와 같다. 작은 나사 하나만 빠져도 비행기가 뜨지 않듯이 생태계도 그렇다. 생태계 안에서 귀중하지 않은 건 없다. 이 책은 사람과 자연이 더불어 살아가야 함을 새삼 일깨우며 사람과 사람, 사람과 자연 간의 상생의 삶을 강조한다. 세균이라는 미생물부터 우주선 안의 생물까지 다룬 소재가 다양하다.

**생명을 사랑하는 어린이문고**는 미래를 준비하는 우리 어린이들이 자연을 올바르게 이해하고 사랑하기를 바라는 지성사의 마음이 담긴 시리즈입니다.

## 생명을 사랑하는 어린이문고 ① 열려라! 곤충나라

• 과학기술부 인증 우수과학도서 • 한우리독서문화운동본부 독서창의력 경시대회 선정도서

김정환 지음 | 176쪽 | 신국판 | 9,800원 | ISBN 89-7889-050-4(74490)

곤충 세계를 100문 100답으로 소개한 책. 대화체라 쉽다. 「여왕벌의 눈물」 등 동화 세 편도 재미를 더해준다. 곤충에 관한 모든 궁금증을 말끔히 해결해준다.

## 생명을 사랑하는 어린이문고 ② 열려라! 거미나라

• 과학기술부 인증 우수과학도서 • 간행물윤리위원회 · 소년조선일보 · 어린이도서연구회 추천도서 • 한국출판인회의 선정 '이달의 책'

임문순 · 김승태 지음 | 184쪽 | 신국판변형 | 9,800원 | ISBN 89-7889-061-X(74490)

거미 생태에 관한 과학 동화. 흡인력 있는 문체와 170여 컷에 이르는 생생한 사진들이 어린이들의 눈과 귀를 단번에 사로잡는다. 이십여 년 동안 거미만 연구해온 국내 학자가 지은 책.

## 생명을 사랑하는 어린이문고 ③ 열려라! 개구리나라

• 과학기술부 인증 우수과학도서 • 환경부 선정 우수환경도서

고선근 지음 | 112쪽 | 46배판변형 | 9,800원 | ISBN 89-7889-080-6(74490)

대표 양서류인 개구리 생태를 조명한 책. 글은 아이들이 직접 뽑은 질문에 대답하는 방식으로 진행된다. 100여 컷의 생동감 넘치는 사진이 아이들의 이해를 돕고, 잘 알려지지 않은 개구리 비밀을 밝힌다.

## 생명을 사랑하는 어린이문고 ④ 열려라! 꽃나라

• 과학기술부 인증 우수과학도서 • 문화관광부 추천도서 • 어린이도서연구회 추천도서

차윤정 지음 | 184쪽 | 46배판변형 | 9,800원 | ISBN 89-7889-085-7(74480)

어린이를 위한 식물학 개론서. 사람보다 먼저 지구에 출현한 꽃의 진화 과정을 좇는다. 200여 컷의 선명한 사진이 한 편의 자연 다큐멘터리를 연상시킨다. 어른들이 읽어도 손색이 없는 책.

## 생명을 사랑하는 어린이문고 ⑤ 열려라! 물고기나라

• 한우리독서 논술경시대회 선정도서 • 어린이도서관 선정 우수과학도서

최윤, 박인석 지음 | 160쪽 | 46배판변형 | 12,000원 | ISBN 89-7889-091-1(74490)

물고기의 일반적인 습성과 생태를 소개한 책. 100여 컷의 생생한 사진과 역동적인 110여 컷의 삽화, 저학년이 읽어도 손색없는 쉽고 명쾌한 문장이 눈길을 끈다.